国家中等职业学校示范建设课程改革创新系列教材

中职中专计算机应用专业系列教材

常用工具软件应用实例

李　忠　卿　琳　主编
刘莫霞　宛　刚　蔡锐杰　参编

科学出版社
北　京

内 容 简 介

本书采用情境与项目结合的编写方法，根据客户所面临的实际问题设计案例，以解决实践中的问题。在编写时首先架构情境故事，然后分析问题，最后解决实际问题。

本书包含六大模块：系统工具模块、系统安全工具模块、图形图像工具模块、音频视频工具模块、存储工具模块、网络工具模块，每个模块下又包含围绕主题的若干项目。本书内容图文并茂、简单易学，以基本操作的图解为主，并注重内容的实用性和清晰性，通过本书的学习，读者可以迅速、轻松地掌握工具软件的用法。

本书适合作为中、高等职业学校计算机相关专业或公共科目的教材，同时也适合作为计算机培训班学员、办公人员和计算机初学者的自学资料。

图书在版编目(CIP)数据

常用工具软件应用实例 / 李忠，卿琳主编. —北京：科学出版社，2013

（国家中等职业学校示范建设课程改革创新系列教材·中职中专计算机应用专业系列教材）

ISBN978-7-03-038078-4

Ⅰ.①常… Ⅱ.①李…②卿… Ⅲ.①软件工具-中等专业学校-教材 Ⅳ.①TP311.56

中国版本图书馆CIP数据核字（2013）第143772号

责任编辑：毕光跃/责任校对：柏连海
责任印制：吕春珉/封面设计：金舵手

科学出版社出版
北京东黄城根北街16号
邮政编码：100717
http://www.sciencep.com

北京鑫丰华彩印有限公司印刷

科学出版社发行 各地新华书店经销

*

2013年8月第 一 版 开本：787×1092 1/16
2020年8月第四次印刷 印张：10 3/4
字数：284 000

定价：35.00元

（如有印装质量问题，我社负责调换〈鑫丰华〉）

销售部电话 010-62142126 编辑部电话 010-62135517-2037

前　言

计算机已成为人们工作和生活不可分割的一部分，但由于计算机学科专业性很强，分类繁多，所以一个人不可能成为每个领域的专业人士。例如，一个平面设计师可能对数据恢复知之甚少，一个程序员可能不会备份操作系统，一个网络工程师可能不知道如何把旅途中拍摄的照片或视频进行后期处理并制成光盘……然而现代化办公有时却要求我们身兼数职。另外，现代职业教育也注重培养应用型人才，提高学习者的计算机应用能力，满足计算机应用发展和职业教育的需求。

因此，为了满足不同层面读者的需求，使读者具有解决日常工作或生活中使用计算机时所面临的实际问题的能力，编者编写了本书。本书采用情境教学和项目教学模式，本书中的主角"小刘"，编者把他假想成公司的职员，抽取日常使用计算机中面临的问题，并进行分类汇总，以模块的形式和职员"小刘"的视角将具体的项目解决方案呈现给读者。这种内容组织形式结构清晰、目的明确、针对性强，是目前同类内容教材所不具备的。本书编写以实用为原则，以开拓读者的知识面为目的，重视读者基本技能的培养。

本书具有以下特点：

1）采用模块化内容组织结构，以解决具体案例为引导并架设情境。以生动的故事情节介绍计算机使用的问题，通俗易懂。

2）注重读者能力的培养，按照"在情境中提出实际问题→分析实际问题→找出解决方案→介绍软件的使用方法"的流程，使读者具备解决问题的能力，而不依赖具体某个软件的使用。软件更新很快，而真正不会淘汰的是解决问题的能力。

3）书中所涉及的大量软件实用性强、生命周期长，如操作系统备份还原软件、数据恢复软件、远程桌面控制软件等。

4）以就业为导向，书中案例大多是根据客户所面临的具体问题所设计的教学情境，以解决实际的问题为目的编写项目。

5）本书尤其适合中高职计算机基础教学，配套编制的资源库包含课件、教案、教学设计、教学资源包、引导文、任务书、实验报告、考核表，既可以让教师作为教学参考，也可以直接用在教学中，省去了教师在教学备课中的重复劳动。

本书编者来自一线从教的教师，以项目实例教学手法编写，通过对本书的学习，让读者零起点掌握计算机操作实用技能，做到看得懂、学得会、用得上。

本书由宜宾商业职业中等专业学校的李忠、卿琳任主编。具体分工如下：李忠负责编写模块一至模块四，并负责大纲的编写及统稿工作。卿琳负责整体协调和审改工作，刘莫霞（宜宾南溪职业技术学校）负责编写模块五，蔡锐杰（汕头市澄海职业技术学校）和宛刚（宜宾南溪职业技术学校）负责编写模块六。本书资源库由李忠、严金蓉（宜宾商业职业中等专业学校）、李沙（宜宾商业职业中等专业学校）负责建设。

编者在编写本书的过程中，参考了相关网络资料，得到了宜宾外贸昭阳电脑公司的大力支持，在此，向相关作者和人员表示感谢。

由于编者水平和时间有限，不足之处在所难免，欢迎广大读者批评指正。

目　　录

模块一　系 统 工 具

项目一　系 统 优 化

案例导入

小刘的计算机已购置两年多，配置水平在购买时还算很高，运行程序速度也很快，现在发现系统运行越来越慢了，主要表现如下：

开机启动速度慢。

桌面自动弹出一些广告窗口。

上网速度变慢。

启动程序时速度变慢。

系统会经常提示“虚拟内存不足”。

■ 分析

根据上述表现，许多读者认为小刘的计算机一定是中了病毒或木马。大家说得不错，小刘计算机的确和中了病毒或木马的特征很相似，尤其是程序运行速度变慢和桌面右下角自动弹出广告窗口的特征和中了病毒或木马的现象最为吻合，说明大家对计算机的保护意识还是很强的。不过在这里忘了交代，小刘已经用最新病毒库的杀毒软件扫描过了，未发现任何病毒或木马。现在大家再来分析一下。

（1）开机启动速度慢

启动过程中加载程序过多。计算机已购置两年，安装的程序一定不少，大多数软件在安装时都默认是开机启动的。一些常用软件也是默认开机启动的，如图1.1.1～图1.1.4所示。

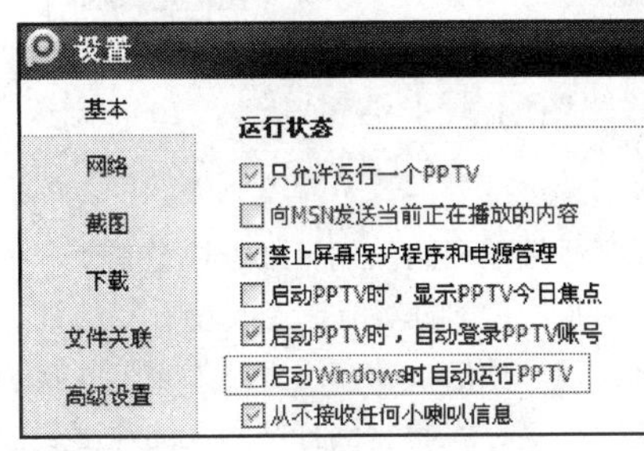

图1.1.1　PPTV设置界面

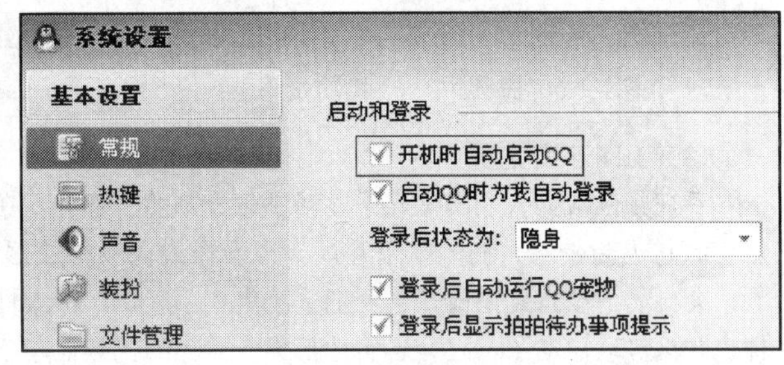

图1.1.2　QQ系统设置

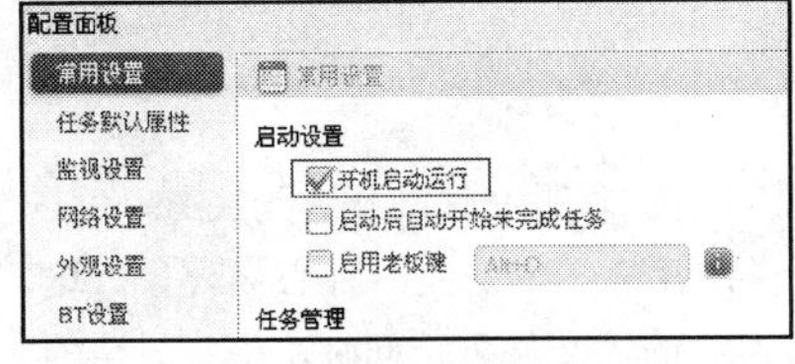

图1.1.3　迅雷配置面板界面

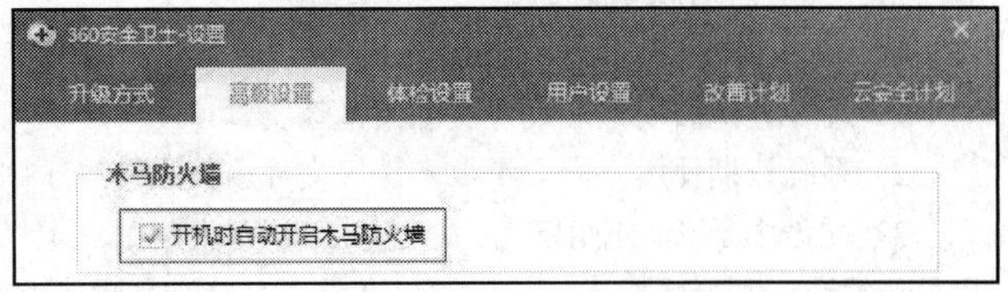

图1.1.4　360安全卫士设置

这几款软件，大家的计算机上应该都有，其他的就不再赘举了，有些软件是有必要开机启动的，如安全类软件。但是大多数的软件是没有必要开机时就启动的，计算机的内存是有限的，其他硬件资源也是有限的，多启动一个程序就会加重资源的负担，久而久之，安装的软件越多，开机启动的程序就越多，系统会逐渐变慢。对于一些老手来说，这些问题难不倒他们，因为他们在安装软件时总是会很细心地取消选中“开机自动启动”，而对于安装软件时习惯单击“下一步”到底的新手就惨了，甚至于计算机上莫名其妙多了一些软件都不知道是怎么回事，有时打开网页的首页也被篡改了，这都是不细看安装提示的后果。上述软件都还有选择的余地，有些软件根本没有提示，安装好直接篡改了浏览器首页，甚至没有改回来的机会，因此我们称这样的软件为“流氓”软件。

（2）桌面自动弹出一些广告窗口

图1.1.5 某游戏广告弹出窗口

广告窗口（图1.1.5～图1.1.7）是哪来的？是由程序启动的，没启动的程序是不可能弹出广告窗口的。程序是什么时候启动的？开机的时候启动的。为什么要弹出广告窗口？赚取点击率。点击率高有什么好处？能达到软件的商业目的。其实有的软件开机启动并无任何商业目的，不能一概而论。安全类的软件希望从启动系统开始，就对系统作全方位的保护，所以要开机就启动。大多数软件商都会在“软件设置”里给出供我们取消的选项，但是很多计算机用户并不知道在“软件设置”里可以修改。

图1.1.6 腾讯网——我的资讯

图1.1.7 广告窗口

（3）上网速度变慢

看视频已成为人们网上娱乐生活不可分割的一部分，在线视频播放器给人们带来了视觉享受，但有时它也会带给人们一些小麻烦。很多在线视频播放器都有断点下载的功能，上次没看完的视频，会自动下载直到完成，甚至把下一集也下载了，很人性化。但麻烦恰恰就在这里，如果这些软件也开机自动启动了，它会忠实地把你未看完的视频自动下载，于是你就感觉到打开网页的速度变慢了，在线游戏网络延迟变大了。

（4）程序启动速度变慢

程序启动速度变慢原因有如下几个方面。

1）过多开机启动程序硬件资源给消耗了。

2）系统长期使用，产生了很多垃圾文件，使系统过于臃肿。有的临时文件甚至达到2GB。

3）硬盘由于长期使用产生了大量的碎片。别担心，不是说硬盘坏了，这是一种必然现象。这里稍作解释，刚分区格式化的硬盘，文件在存储时是顺序的、连续的，文件被访问时，磁头只需依次读取就能很快把文件提取完，但硬盘的容量是有限的，不用的文件时常又被删除，释放了存储空间，当一个顺序、连续存储满了的硬盘要重新存储一个较大文件时，是没有连续空间的，它要存储只能把自身分成好几段，见缝插针地把自己存放在不同的几个已被删除释放空间的位置上。例如，进超市前存放个人物品，如果东西很多，人少的时候你可以把它们放在连续的编号为202、203、204的柜子里。但如果202、204号柜都被占了，又没有其他的连续柜子，你只好把你的物品分散地放在其他几个已腾空的柜子里，这样的文件就叫作碎片文件。磁头在访问这个文件时，就要跑若干个不同的地方，加大了访问时间，程序启动速度也就变慢了。

（5）虚拟内存空间不足

系统会经常给出提示：虚拟内存空间不足。主要原因是因为系统盘（通常为C盘）剩余空间不足造成的。内存的空间是有限的，通常会把内存里的一些数据“交换”到系统盘暂存，把空间让给更需要的程序，以提高系统性能。造成系统盘空间不足的主要原因是临时文件过多。浏览过的网页、打开过的程序、看在线视频的缓冲数据等都会产生大量的临时文件，特别是那些经常把程序安装在系统盘（通常为C盘）的用户，系统盘所产生的临时文件会越来越多，剩余空间会越来越少，直至系统瘫痪。

上述种种并非是对软件商的血泪控诉，这些软件毕竟为我们提供了服务，我们也享受其带给我们的便利和快乐。软件商通过软件获取商业效益是无可厚非的，而且很多都是共享软件，是不收费的。我们可以通过一些方法来改善这些软件所带来的不利影响。下面就带大家一起来解决以上所分析的问题。

解决开机启动程序过多问题

方法一：

第一步：开始—运行—输入命令：msconfig（图 1.1.8），调出系统自带的“系统配置实用程序”。

第二步：切换到“服务”和“启动”选项卡，该下拉列表里列出了所有系统启动时会自动启动的“服务”和程序。可以根据实际情况把不用开机启动的“服务”和程序关闭（选项前打勾的都是开机启动项，图 1.1.9）。

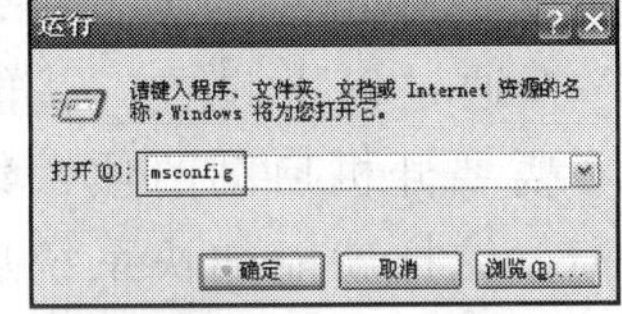

图1.1.8　运行

图1.1.9　系统配置实用程序

- 优点：系统自带工具，方便、简洁。
- 缺点：对“服务”及启动程序的作用要熟悉。

方法二：

下载360安全卫士或Windows优化大师等优化类软件，本节以360安全卫士9.0为例进行讲解。

第一步：启动360安全卫士。

第二步：在窗口中单击“优化加速”按钮。

第三步：在“优化加速”页面中，单击“一键优化”按钮（图1.1.10）。扫描结束后，单击“立即优化”按钮，根据软件的建议进行优化开机项。

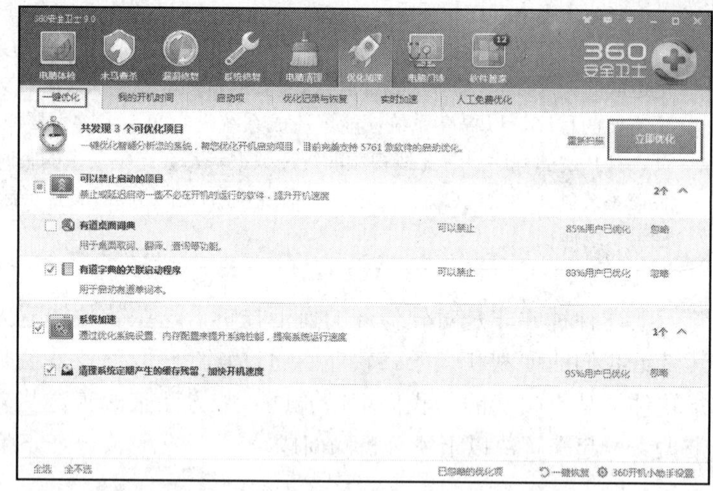

图1.1.10 360安全卫士一键优化界面

第四步：如需手动优化，则选择“启动项”及“系统关键服务”选项卡（图1.1.11），按上面的提示，选择相应程序及服务，单击“禁止启动”按钮。

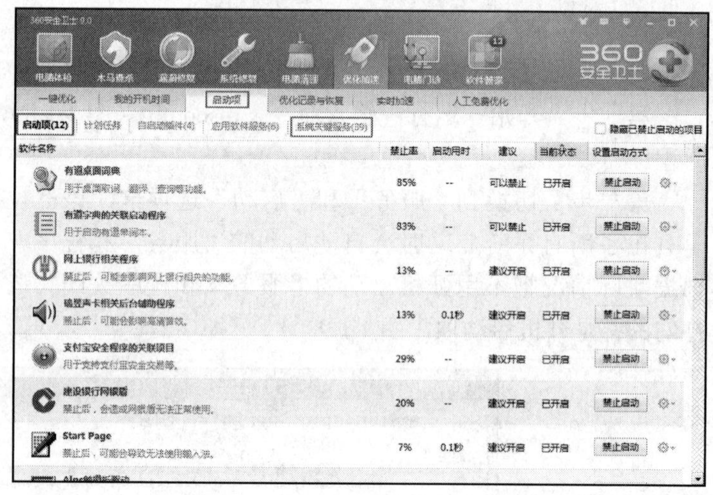

图1.1.11 360安全卫士开机启动项

通过以上设置，就能将不需要开机启动的项目禁止掉，这样就能加快系统启动的速度，还能减少系统不必要的开销，让系统轻装上阵。

如果希望被禁止的启动项及“系统关键服务”重新开机启动，可以单击“优化记录与恢复”按钮。

解决弹出广告、自动下载问题

通过上面介绍的方法，我们解决了开机启动程序的问题，虽然在一定程度上缓解了弹出广告及自动下载问题，但有时会手动启动一些程序，当我们不再使用时，我们会单击“关闭”来关闭程序，但并不代表这个软件就被彻底关闭了。一个软件可以由多个进程组成，而我们关闭的，可能只是其中的一个进程。只要该软件的进程没有全部关闭就有弹出广告或自动下载占用带宽的风险。例如，已关闭了 iKu（i 酷）的主界面，但在进程里，我们却看到了该软件的其他进程，如图 1.1.12 所示。如何有效地解决这些问题呢？

图1.1.12　Windows任务管理器

方法一:

进入这些软件的“设置选项”。大多数软件都提供了选项供用户手动去除弹出广告，如“今日要闻”、“暴风资讯”等。

这种方法只能缓解部分软件问题，还有些软件是不提供这些选项的，只要软件没彻底关闭，就有不定时弹出广告的风险。我们只有在不用该软件时彻底关闭这些进程来解决。

方法二:

第一步：在桌面任务栏上右击，在弹出菜单中选择“Windows 任务管理器”。

第二步：在“Windows 任务管理器”中，选择“进程”选项卡，列表里列出了当前系统中正在运行的所有进程，只需选择不用的进程，单击“结束进程”按钮。

此方法使用方便，但也有局限性，要做到知道每个软件包含哪些进程，有一定难度。

方法三:

通过优化类工具，以 360 安全卫士 9.0 为例进行讲解。

第一步：启动 360 安全卫士。

第二步：在主界面右下角找到“功能大全”栏。

第三步：在“功能大全”栏，选择“任务管理器”，打开“运行中的程序”页面，如图 1.1.13 所示。

第四步：列表列出了当前系统运行的所有进程，并对每一个进程

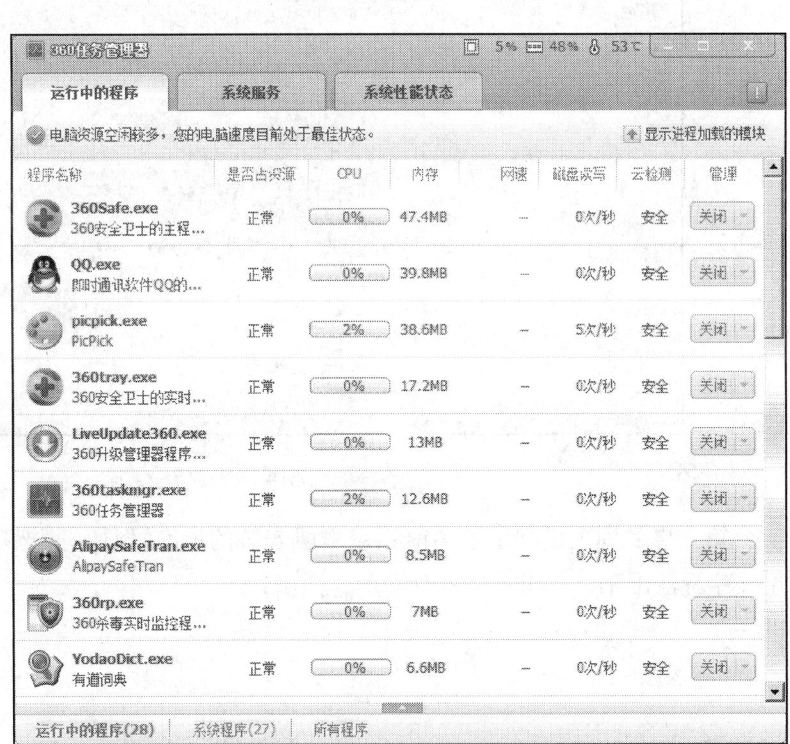

图1.1.13　任务管理器——正在运行

进行了详细介绍，如作用、CPU 占用率、是否安全等提示。对判断系统是否有病毒或木马也有很大帮助。

第五步：选择不用的进程，单击“关闭程序”按钮。

解决系统盘臃肿问题

要解决系统盘臃肿的问题，首先就要养成一些良好的使用习惯。

1）在安装软件时，改变默认的安装路径。大多数软件在安装时，都会默认安装在系统盘即 C 盘里。而一些下载类或在线视频播放器会把下载的文件或缓存默认放在安装目录里。长此以往，系统盘空间就会被占满。

2）定时清理临时文件、插件、注册表。

3）卸载一些过时的软件或不再使用的软件。

下面我们就用 360 安全卫士 9.0 对系统盘进行一次瘦身。

第一步：启动 360 安全卫士。

第二步：在窗口中单击“电脑清理”按钮，单击“清理插件”按钮，然后单击“开始扫描”按钮（图 1.1.14）。

图1.1.14　清理插件

第三步：列表里列出了当前系统里所安装的所有插件，并把建议及网友对插件的评分用文字标注出来，供用户参考及清理（图 1.1.15）。

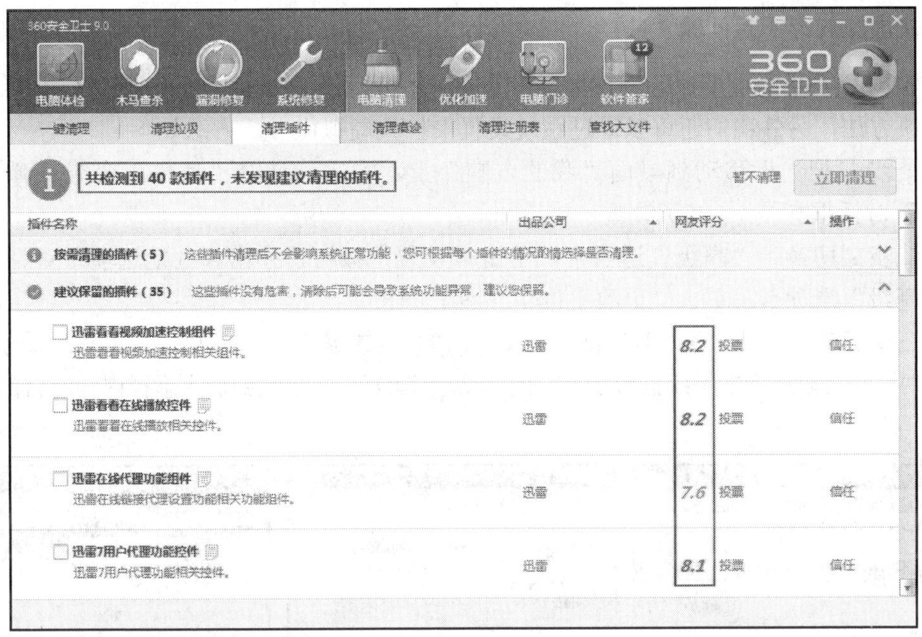

图1.1.15　清理插件后列表

第四步：选择“清理垃圾”选项卡，切换到“清理垃圾”页面（图 1.1.16）。

第五步：选择“开始扫描”选项卡，程序会把临时文件、缓存、无用注册表信息等文件全部扫描出来，供用户清理。

图1.1.16　清理垃圾

解决虚拟内存不足问题

虚拟内存不足的主要原因，就是系统盘剩余空间不足，上面我们已经介绍了系统盘臃肿的解决方法，另外我们还可以通过系统设置来扩大虚拟内存。方法如下：

第一步：把光标移动到桌面“我的电脑”上，右击，选择“属性”命令，弹出“系统属性”对话框（图 1.1.17）。

第二步：切换到“高级”选项卡，单击“设置”按钮，弹出“性能选项”对话框，切换到“高级”选项卡，单击“更改”按钮（图 1.1.18）。

第三步：在“虚拟内存”对话框中（图 1.1.19）设置虚拟内存的大小和更改虚拟内存所占用的驱动器（可以选择非系统盘或磁盘空间剩余较多的盘），以达到扩大虚拟内存的目的。

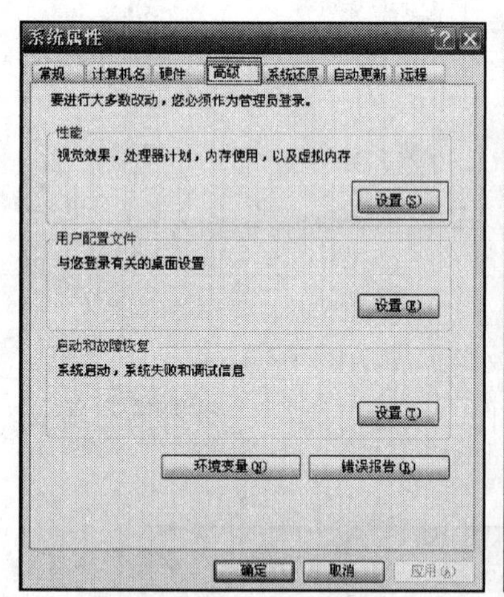

图1.1.17 系统属性

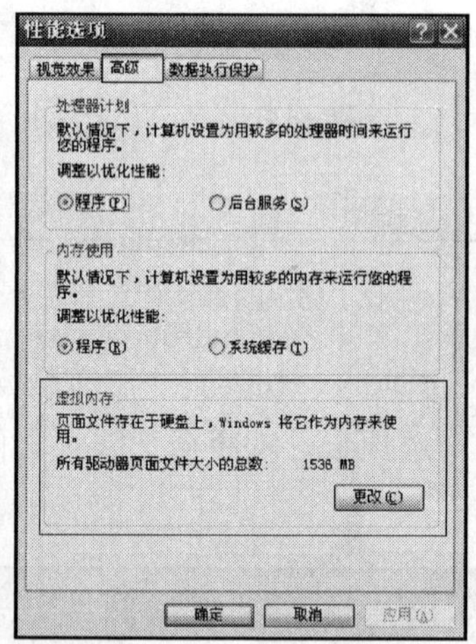

图1.1.18 性能选项

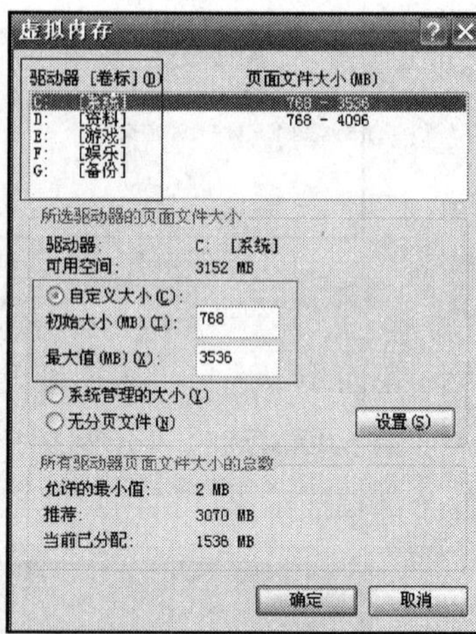

图1.1.19 虚拟内存

小 结

通过系统地学习本项目，我们知道了造成系统变慢的主要原因及用工具对系统进行优化的方法。平时养成如下的上机习惯也能使系统加速不少，避免一些不必要的麻烦。

1）尽可能把软件装在非系统盘。

2）尽可能减少开机启动的程序。

3）养成修改软件设置的习惯，把一些无用的设置选项关闭，修改默认下载或缓存路径。

4）很多问题可以在“任务管理器”里找到答案。

5）养成定期清理系统盘的习惯。

项目二　系统备份还原

案例导入

经过一个下午的优化，小刘的计算机运行速度终于变快了。小刘非常高兴，但很快他又有新的烦恼了。原来小刘心想：“这次花了九牛二虎之力，好不容易把系统优化好了，再过一年半载又得重新花这么长时间再次优化，好麻烦呀！如果重装了系统后，还会遇到类似的问题，有没有一劳永逸的办法呢？”

分析

小刘的担心不无道理，每次我们花了大量的时间对系统进行优化，每隔一段时间又得再次对系统进行优化。或者我们辛辛苦苦花了好几个小时来安装系统、软件，当系统崩溃时，我们不得不再次重复大量的劳动，这的确是一件令人沮丧的事情。

不用担心，只要在我们给系统安装好了或刚对系统做了全面优化时对系统进行备份，这样我们就无后顾之忧了，当系统崩溃或变慢时，我们只要花几分钟时间就能对系统进行还原。

现在介绍一款非常强大的工具——OneKey Ghost，它是一款设计专业、操作简便，在Windows下对任意分区进行一键备份、恢复的程序。

备份系统分区

第一步：双击图标 OneKey.exe，启动软件（图 1.2.1）。

图1.2.1　启动OneKey Ghost

第二步：点选“备份系统”单选按钮（图 1.2.2）。

第三步：在“Ghost 映像文件路径”下拉列表框中选择要备份的分区，输入保存的位置（图 1.2.2）。

第四步：如需设置还原密码及压缩比例，单击“高级”按钮（图 1.2.2），具体操作如图 1.2.3 所示。

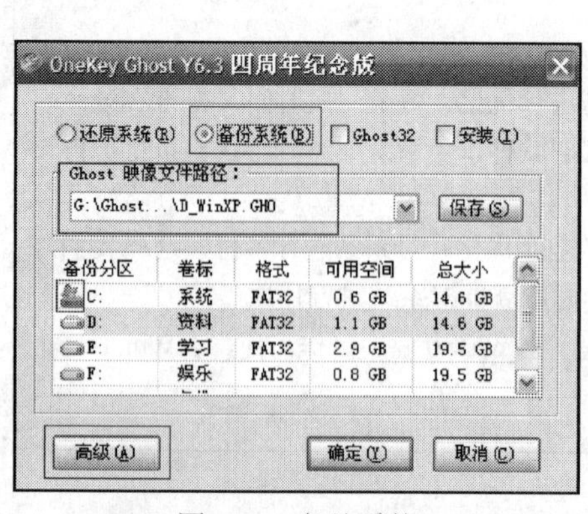

图1.2.2　备份系统

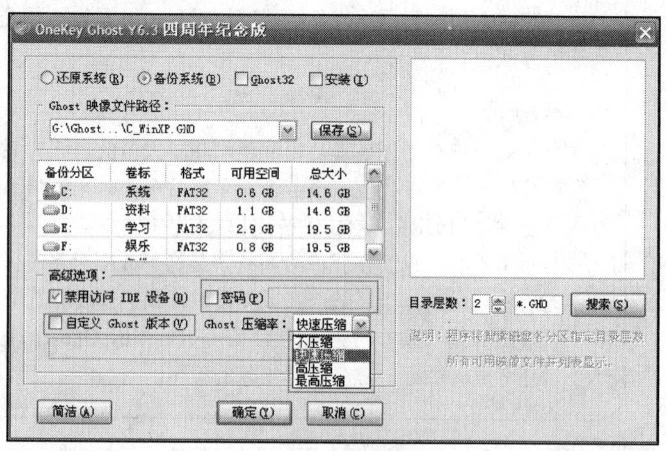

图1.2.3　备份系统——高级选项

密码：设置还原系统或分区时所输入的密码，密码不正确，禁止还原，也可不设置该选项。

自定义 Ghost 版本：高版本 Ghost 可以还原低版本备份的文件，但低版本不能还原高版本备份的文件。

Ghost 压缩率：有四种压缩方式，压缩率越高，备份文件占用磁盘空间越少，但备份所花的时间就越长。相反，压缩率越低，占用磁盘空间就越多，备份所花时间就越短。

第五步：设置完成后，单击“确定”按钮。弹出“OneKey Ghost”提示框（图 1.2.4）。单击“是”按钮，计算机自动重启并备份系统，这一过程由计算机自动完成，备份完成后会给出提示。

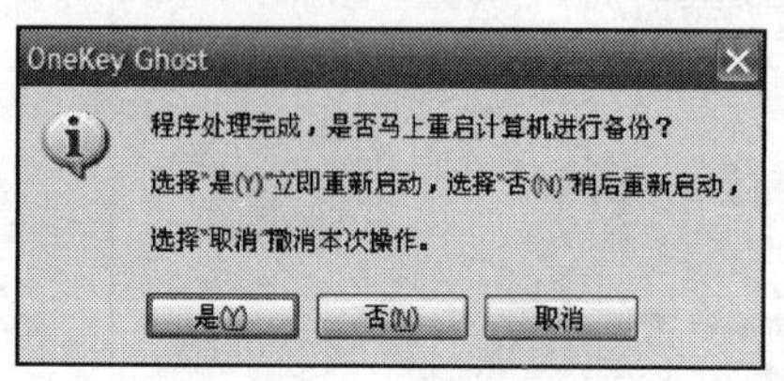

图1.2.4　重启提示框

注意：如果该按钮为灰色，表示保存的位置有误，只需重新设置保存位置即可。备份文件是不能放在要备份的分区的，如备份 C 盘，则不能把保存位置设为 C 盘的某个文件下。

还原系统分区

若计算机操作系统崩溃，此时以前系统优化后的备份文件就有了用武之地。还原后，系统变得焕然一新。

第一步：点选“还原系统”单选按钮（图 1.2.5）。

第二步：单击“打开”按钮（图 1.2.5），弹出“打开”对话框（图 1.2.6）。

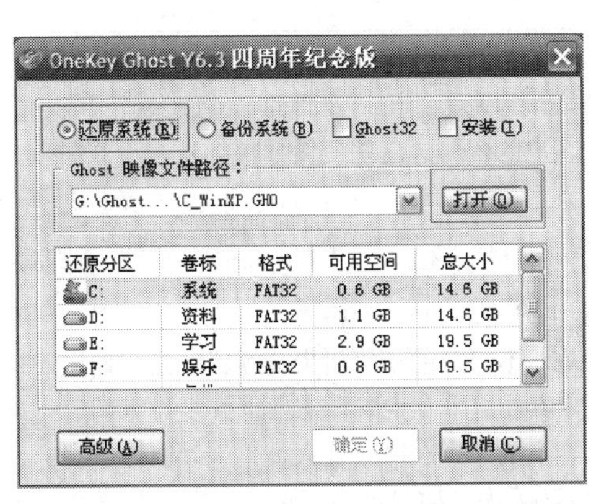

图1.2.5　还原系统

图1.2.6　还原系统——“打开”对话框

第三步：在“查找范围”下拉列表中，选择以前备份时所选择的文件夹。以前备份分区的文件就会出现在列表中，选中要还原的分区文件，单击“打开”按钮。

注意：

1）所有的备份文件的扩展名都应是 .gho。

2）为了避免在还原时因混淆而导致的错选备份文件，所以平时在备份时应指明备份系统的版本及备份时间。

3）由于软件不能识别中文，因此备份文件不能保存在有中文的文件夹内，如“F:\ 备份 \xp.gho”，可以将“备份”改成拼音“beifen”。

第四步：最后单击“确定”按钮，同样会弹出“OneKey Ghost”提示框（图 1.2.7），单击“是”按钮，重启计算机并还原。还原完毕，会给出提示，再次进入系统时，则系统已经被还原了。

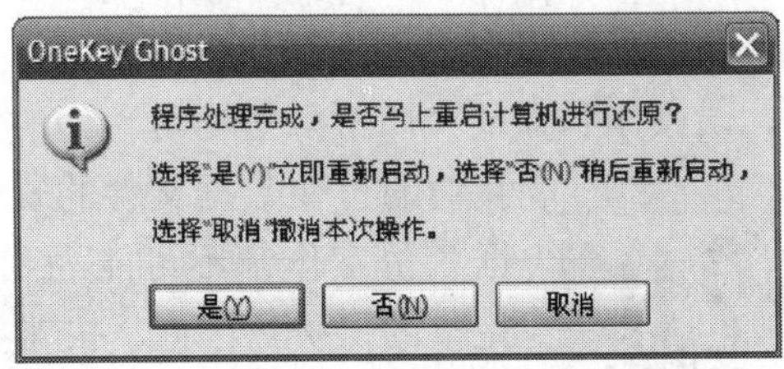

图1.2.7　重启提示框

小　结

通过本项目的学习，我们掌握了给系统备份和还原的方法，养成备份系统的习惯能让我们在遇到故障时，减少许多麻烦。

项目三 数据恢复

案例导入

小刘傻眼了，原来前几天在清理计算机资料时，把一些认为无用的资料及文件一并放入了回收站，并清空了。由于自己的疏忽，被清空的还夹带着几份客户的资料。这些资料非常重要，小刘非常着急。

■ 分析

相信每个使用计算机的人都会有数据丢失的类似经历，如病毒感染、误格式化、误分区、误克隆、误删除、操作断电等。在大家的认识当中，数据恢复是遥不可及的计算机尖端领域，而我们这些只会打字、聊天、浏览网页的“菜鸟”，是无能为力的。其实并非如此，随着数据恢复技术的进步，以及大量功能强大的数据恢复软件的面世，往常不可企及的事现在非专业人员也可以问津了。对常见的数据丢失或损坏情况，如误删除或误格式化、分区丢失、磁盘产生坏道等，在一定条件下，普通用户就可以借助数据恢复软件进行数据的恢复或修复。

为什么丢失的数据还能有机会找回来呢？（注意是有机会，而不是一定。）

硬盘存储数据和饭馆安排客人吃饭差不多，硬盘的容量有限，而饭馆的座位也是有限的，当硬盘存储满时，就相当于饭馆的座位全被客人坐了，新的客人只有等有人让出来之后，才能坐下来。而硬盘的某个文件被删除时，就相当于这个位置被空了出来。问题就出在这里，我们的数据被删除，甚至被清空，并不意味着这个位置的数据就消失了，而仅仅是在这个座位上放了个牌子“此位无人”，可以允许其他的客人来坐。假如你在吃饭后，忘了把包拿走，恰巧今天空的位置又比较多，新的客人并没有坐在你刚才坐过的位置上，那么你的包还在。也就是说，硬盘上的数据，只要没有新的数据存储在原来的位置上，数据也并没有真正意义上的消失，我们还能把它找回来。

因此，当我们的硬盘出现误删除或误格式化、分区丢失、磁盘产生坏道等情况造成数据丢失时，切勿惊惶失措，一定要保护好现场，不要做任何的写操作，这样才能把损失降到最小。

现在介绍一款“化腐朽为神奇”的软件——FinalData，我们喜欢把它翻译成“最终数据”。如果说数据丢失是魔鬼，那么它就是一位天使，把人从梦魇中拯救了出来。下面我们就来介绍和认识一下这位美丽的“天使”。

各种类型的数据文件是我们保存在计算机上的巨大财富，而数据文件丢失一直是困扰计算机用户的梦魇。病毒、误操作和存储介质故障等不可预知的潜在危险时刻都在威胁着我们的重要数据文件的安全，任何周密和谨慎的数据备份工作都不可能为我们的数据文件提供实时、完整的保护。因此，灾难数据恢复工具是计算机用户的必备工具之一，而全球领先的灾难数据恢复工具 FinalData 以其强大、快速的恢复功能和简便易用的操作界面成为计算机用户的首选工具。当文件被误删除（并从回收站中清除）、FAT 表或者磁盘根区被病毒侵蚀造成文件信息全部丢失、物理故障造成 FAT 表或者磁盘根区不可读，以及磁盘格式化造成的全部文件信息丢失之后，FinalData 都能够通过直接扫描目标磁盘抽取并恢复出文件信息（包括文件名、文件类型、原始位置、创建日期、删除日期、文件长度等），用户可以根据

这些信息方便地查找和恢复自己需要的文件。甚至在数据文件已经被部分覆盖以后，专业版 FinalData 也可以将剩余部分文件恢复出来。

启动FinalData 3.0向导

1）进入到 FinalData 3.0 的安装目录，会发现有两个应用程序，一个名为 FdWizard.exe（向导模式），另一个名为 FINALDATA.exe（专家模式），如图 1.3.1 所示。

图1.3.1　FinalData 3.0安装目录

向导模式：界面简洁、易懂，针对性强，特别适合初次使用的用户，在向导的提示及引领下，能很轻松地找回丢失的相应文件。

专家模式：相对向导模式，专家模式显得更为专业及复杂一些，可以设置详细的参数，两者好比汽车的手动档和自动档的区别。

2）双击 FdWizard.exe，进入向导模式主界面，如图 1.3.2 所示（本书以向导模式为例进行讲解）。

恢复删除/丢失文件

“恢复删除 / 丢失文件”的作用：此选项将引导用户恢复从系统删除或丢失的文件，包含以下被删除的文件：

1）删除文件或文件夹和清空回收站。

2）立刻删除文件或文件夹，并不暂存在回收站里（按“Shift ＋ Delete”组合键）。

3）删除感染病毒的文件或文件夹。

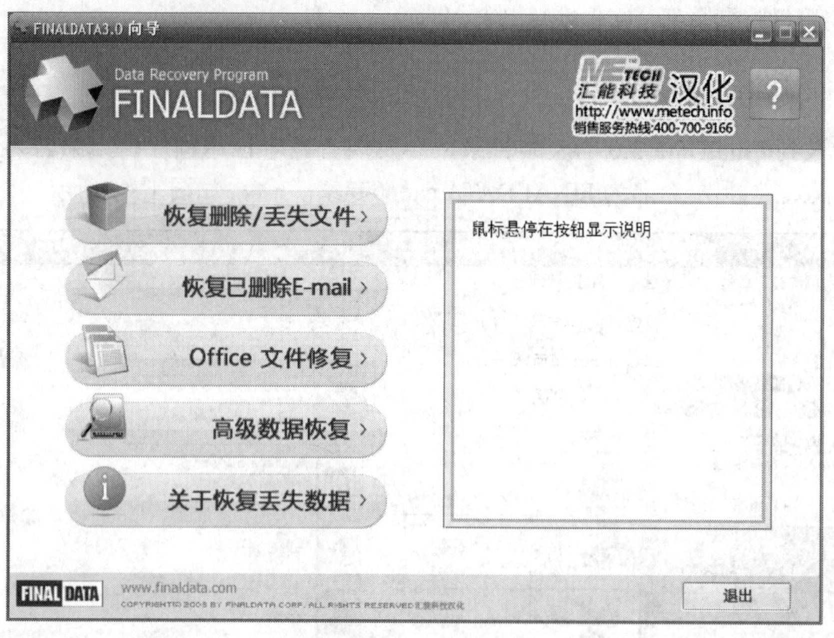

图1.3.2 向导模式主界面

1. 恢复已删除文件

第一步：在向导模式主界面中单击“恢复删除 / 丢失文件”按钮，此按钮用于恢复已经删除的文件和还原 Windows 回收站已清空的文件（图 1.3.3）。

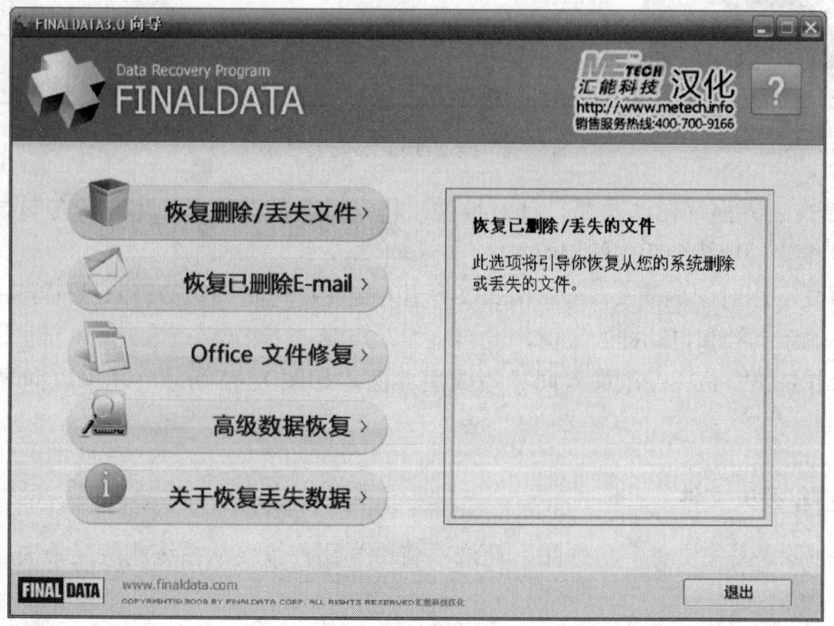

图1.3.3 恢复删除/丢失文件

第二步：单击“恢复已删除文件”按钮（图 1.3.4）。

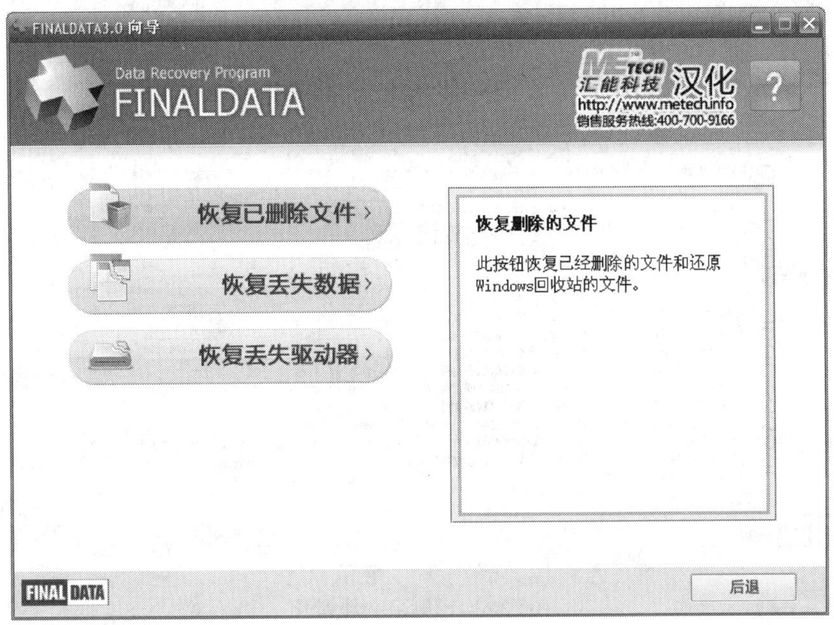

图1.3.4　恢复已删除文件

第三步：选择需要恢复的文件的硬盘分区，并单击“扫描”按钮（图 1.3.5）。

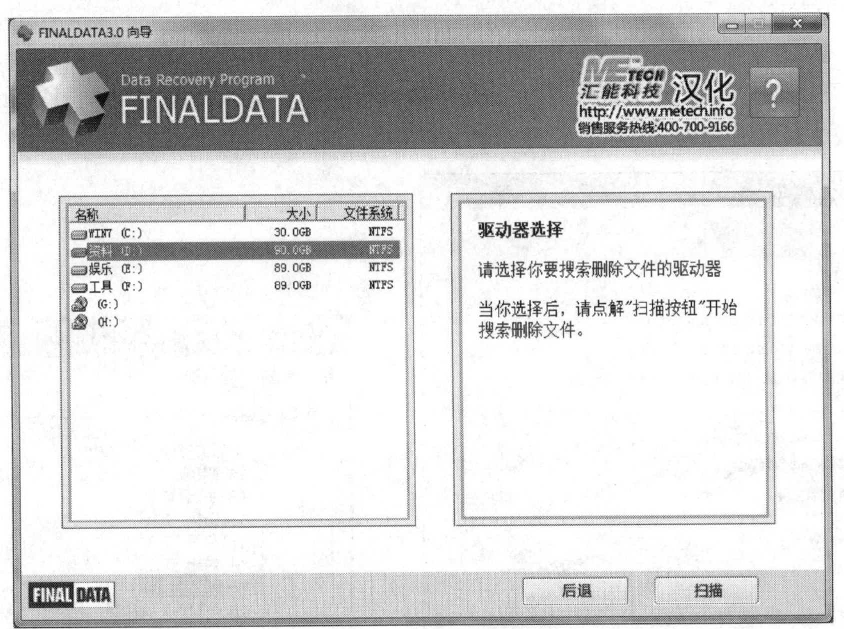

图1.3.5　选择硬盘分区

第四步：搜索硬盘分区，显示当前硬盘已删除的所有文件列表，从列表中选择需要恢复的文件，单击“恢复”按钮，如图 1.3.6 所示。

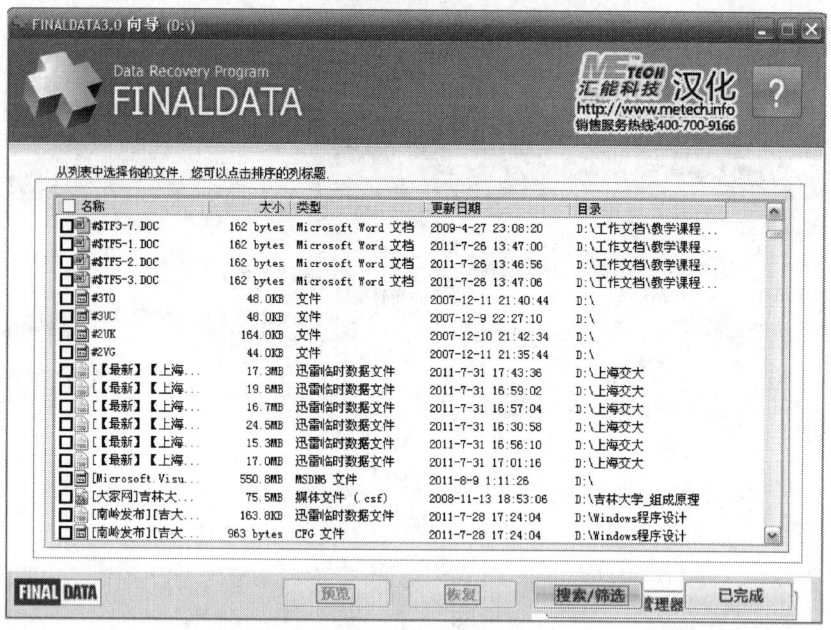

图1.3.6 已删除文件列表

如果有太多文件，可以使用“搜索 / 筛选”功能，以便查找到需要恢复的文件（图 1.3.7）。

为了能更方便用户查看扫描结果，一共有三种显示模式：显示所有文件；显示特定文件；按特定日期显示。

第五步：选择要恢复的文件，单击“恢复”按钮，弹出“浏览文件夹”对话框（图 1.3.8），选择要保存的位置，单击“确定”按钮，被删除的文件就恢复到所选分区中了（切记不要把结果保存到要恢复的分区内，这样会把还未恢复的数据彻底覆盖掉）。

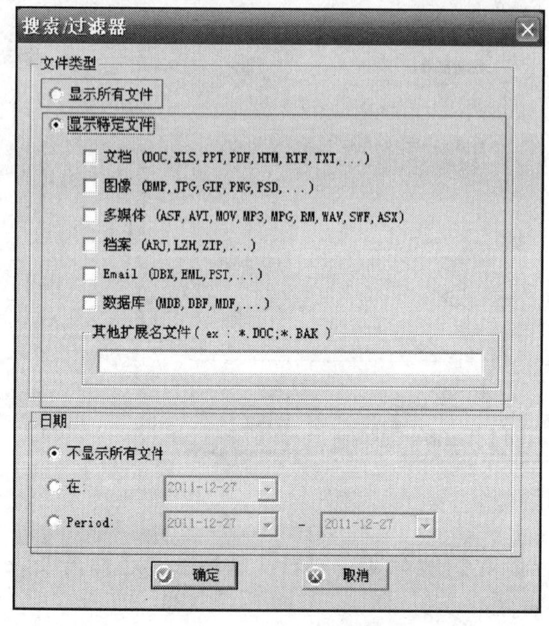

图1.3.7 搜索/过滤器

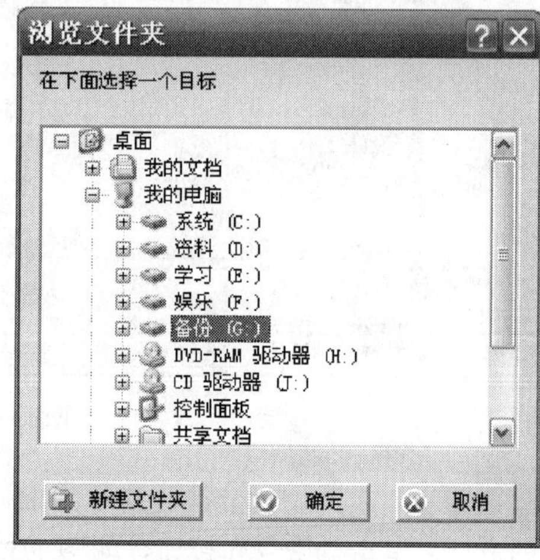

图1.3.8 选择文件保存位置

第六步：当按照上面步骤完成后，会看到被删除的文件已经被恢复（图 1.3.9）。

这里要指出的是，有些文件是被完整地还原了，但有些文件仅仅还原出来一些碎片。由于文件在存储时具有不连续性，文件被删除后，它的位置有的部分被新的文件覆盖了，而有的部分却未被覆盖，于是有的文件仅仅是碎片。有时，这些碎片也具有很高的价值。

图1.3.9　恢复后的文件

2. 恢复丢失数据

第一步：单击“恢复丢失数据”按钮，此选项扫描磁盘，尝试恢复所有丢失数据（图 1.3.10）。

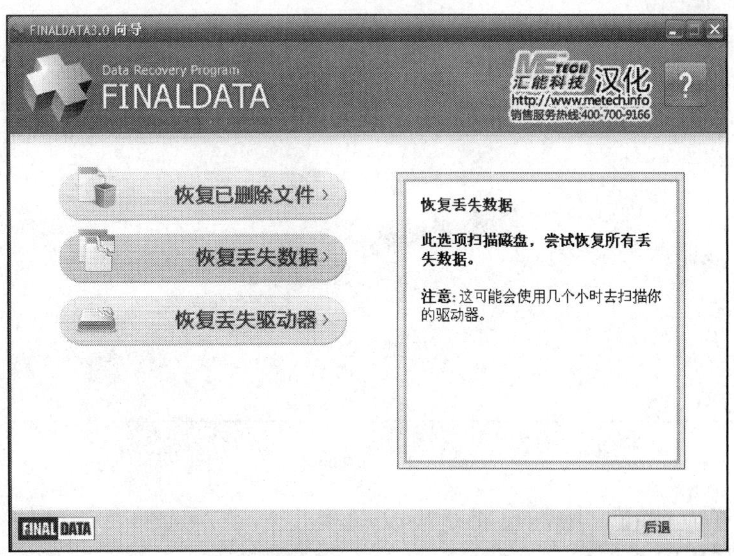

图1.3.10　恢复丢失数据

第二步：选择需要恢复数据所在的分区（图 1.3.11），单击“扫描”按钮后，如图 1.3.12 所示。

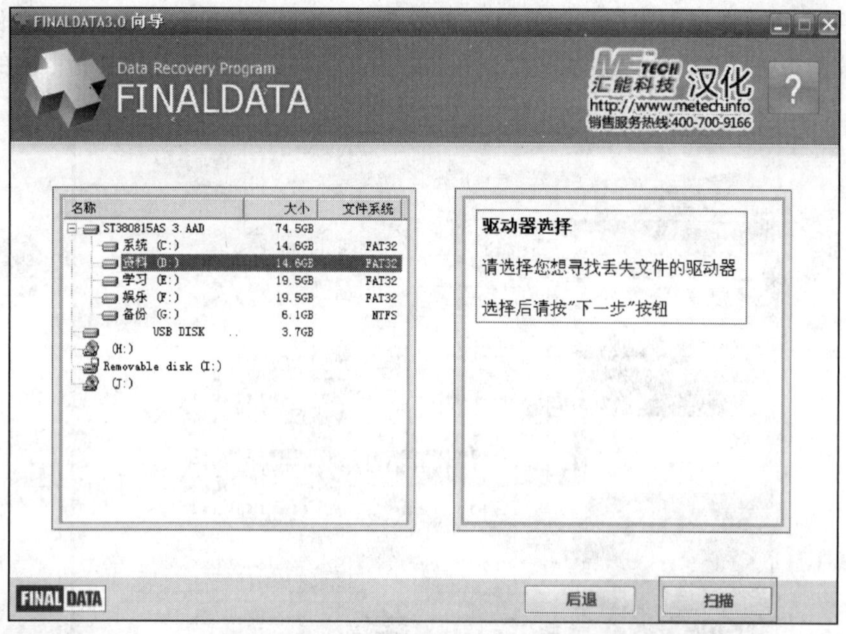

图1.3.11 选择分区

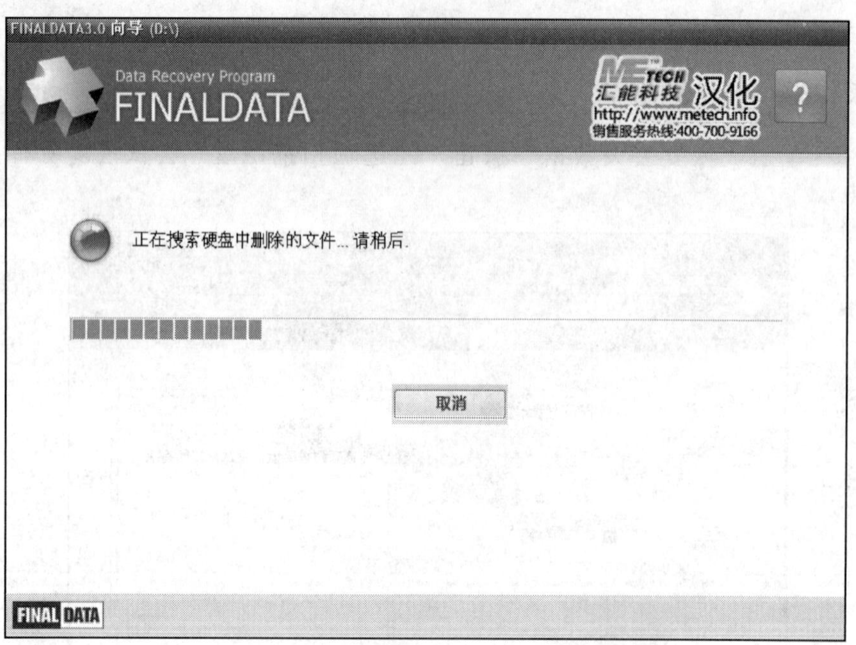

图1.3.12 扫描文件

第三步：在左侧窗口中，已将所有文件类型归类，选择要还原的文件目录，单击“恢复”按钮（图 1.3.13）。

第四步：选择要保存还原文件的文件夹，单击“确定”按钮（图 1.3.14），开始还原（图 1.3.15）。

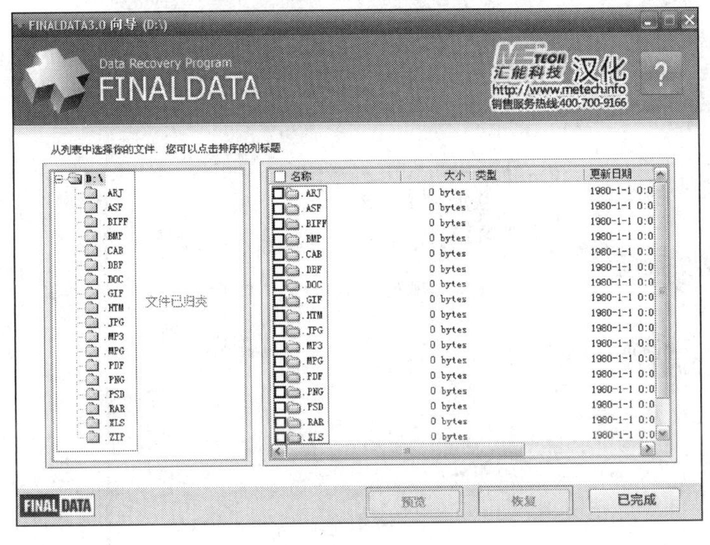

图1.3.13 扫描后文件列表

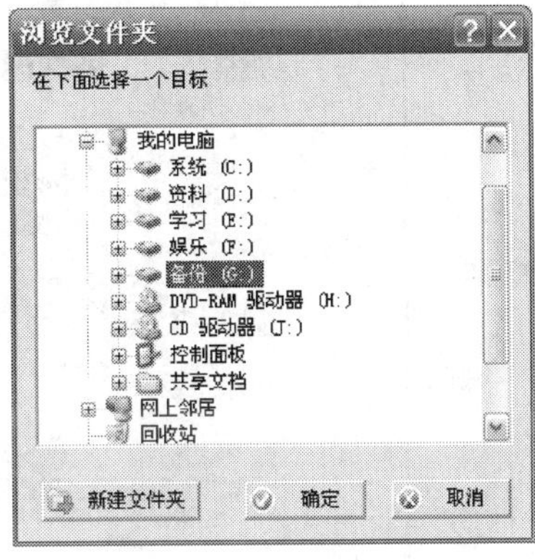

图1.3.14 浏览文件夹

第五步：经过前面的操作，所有选择的文件都已经还原了，可打开设置还原的文件夹查看（图 1.3.16）。

图1.3.15 保存

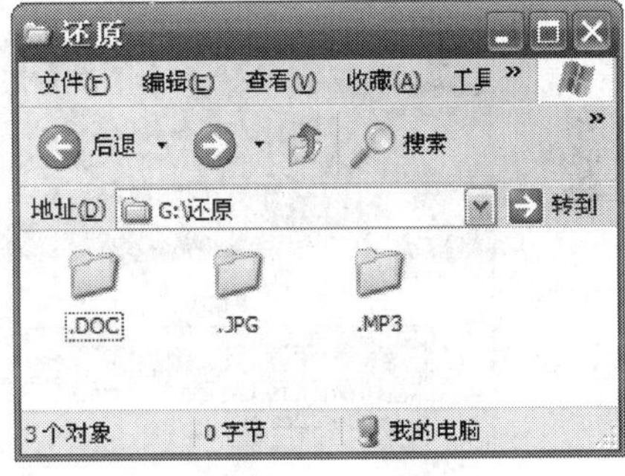

图1.3.16 还原后的文件

3. 恢复丢失的驱动器

该选项能实现以下等分区丢失现象的数据恢复：

1）误操作导致的分区丢失。

2）分区表被破坏而造成的分区丢失。

3）通过分区工具，造成的分区改变。

大家也许遇到这种情况：上次关机前还是五个分区，结果现在开机后却只有一个了。或者在用 OneKey Ghost 软件进行还原后，发现分区只有一个了。

第一步：单击“恢复丢失驱动器”按钮（图 1.3.17）。

第二步：选择物理硬盘（如 U 盘）连接上计算机（图 1.3.18）。选择分区后，单击“下一项”按钮，开始进行分区扫描，如图 1.3.19 所示。

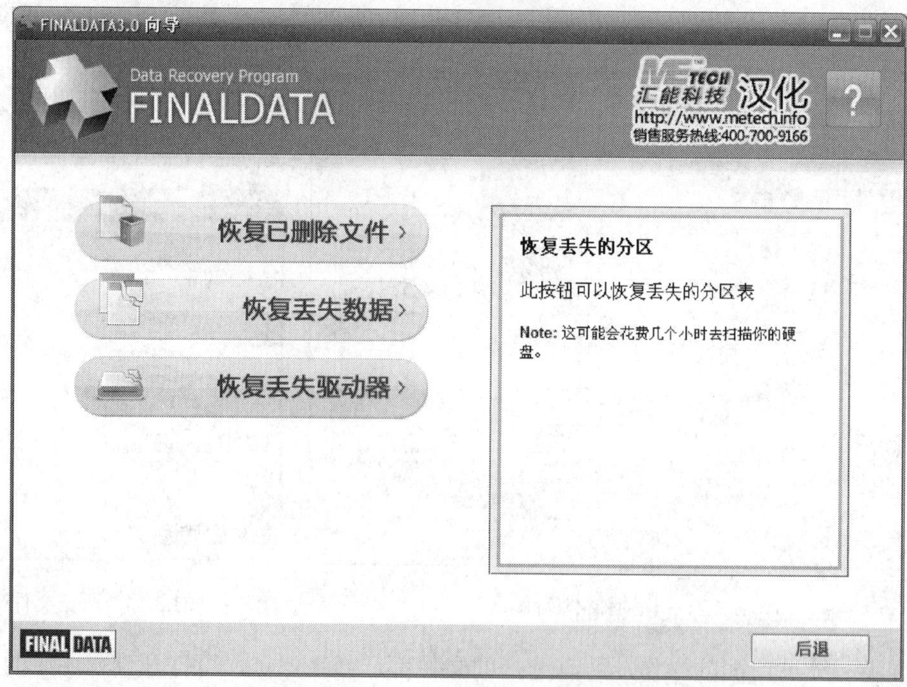

图1.3.17　恢复丢失驱动器

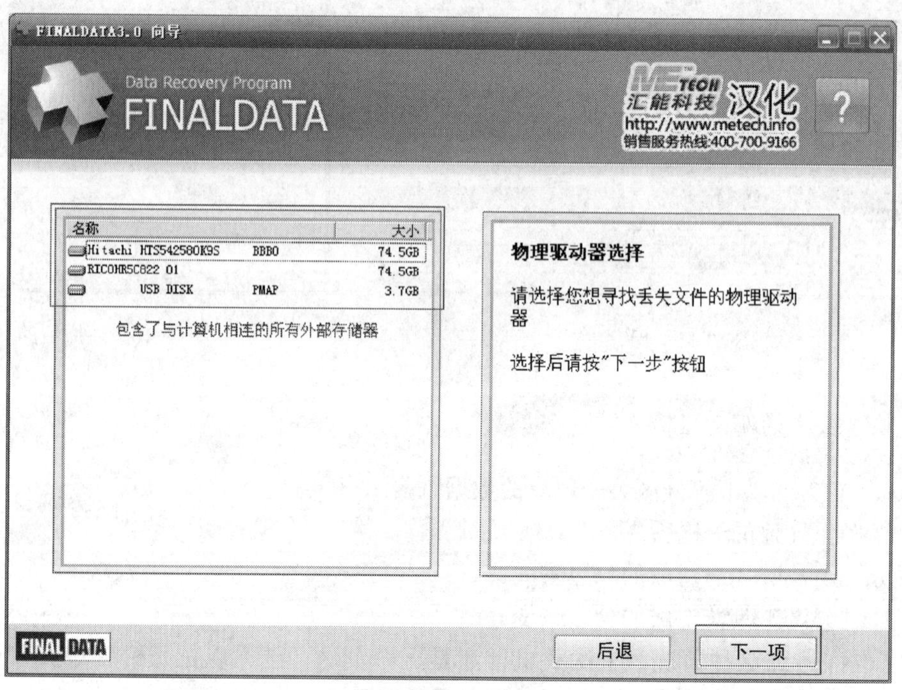

图1.3.18　物理驱动器选择

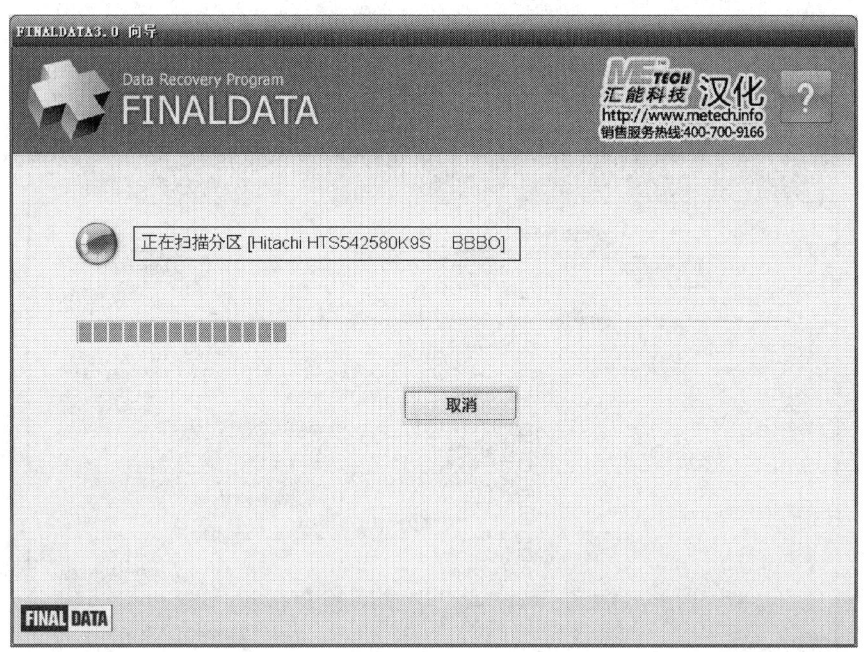

图1.3.19　扫描分区

第三步：扫描完成后，在列表中列出了当前硬盘所有丢失的分区。选择需要还原的分区，单击“下一项”按钮（图 1.3.20）。检测出来的分区有两种情况：硬盘意外丢失的分区；硬盘很早以前的分区。

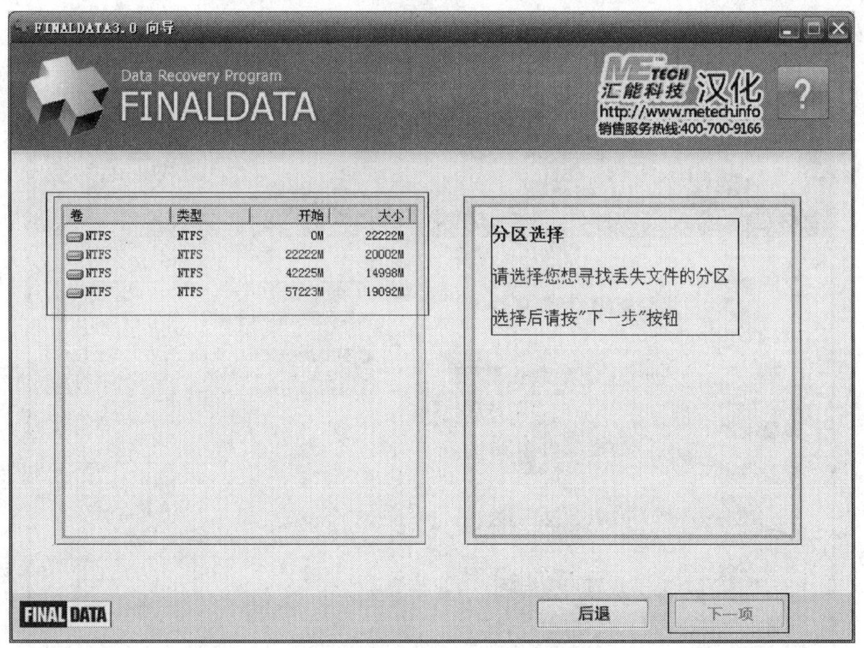

图1.3.20　扫描后的列表

第四步：选择列表中要恢复的文件或文件夹，单击“恢复”按钮（图 1.3.21）。

图1.3.21　恢复文件

恢复已删除E-mail

此选项能够恢复在 Outlook，Outlook Express，Netscape Mail 和 Eudora Mail 中被删除的电子邮件。

第一步：单击“恢复已删除 E-mail”按钮（图 1.3.22）。

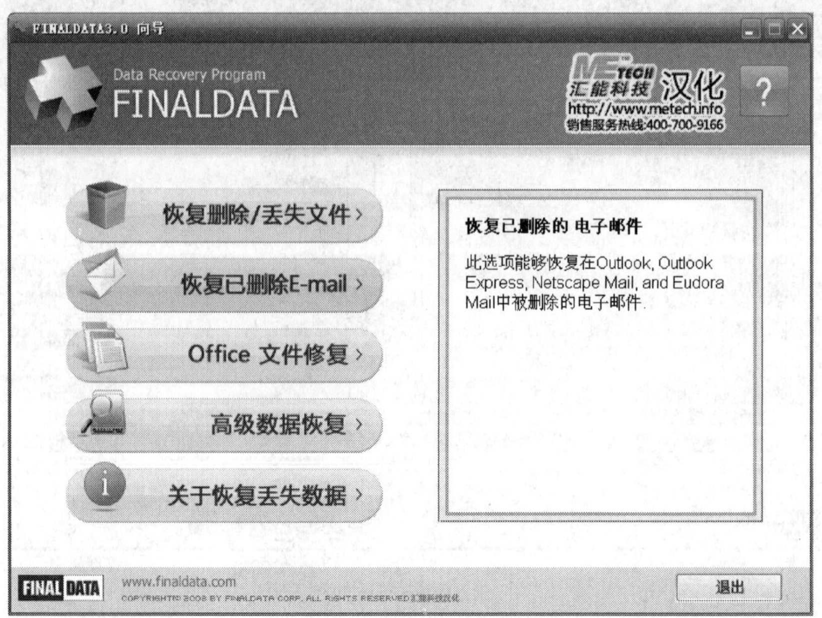

图1.3.22　恢复已删除E-mail

第二步：选择 E-mail 软件类型（图 1.3.23）。

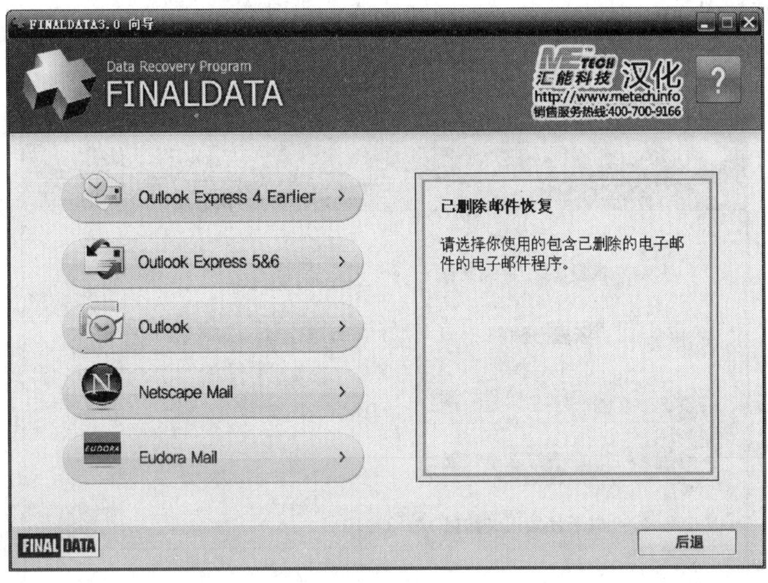

图1.3.23　E-mail软件类型

第三步：选择邮件所在的分区，单击“扫描”按钮（图 1.3.24）。选择要恢复的邮件进行还原。

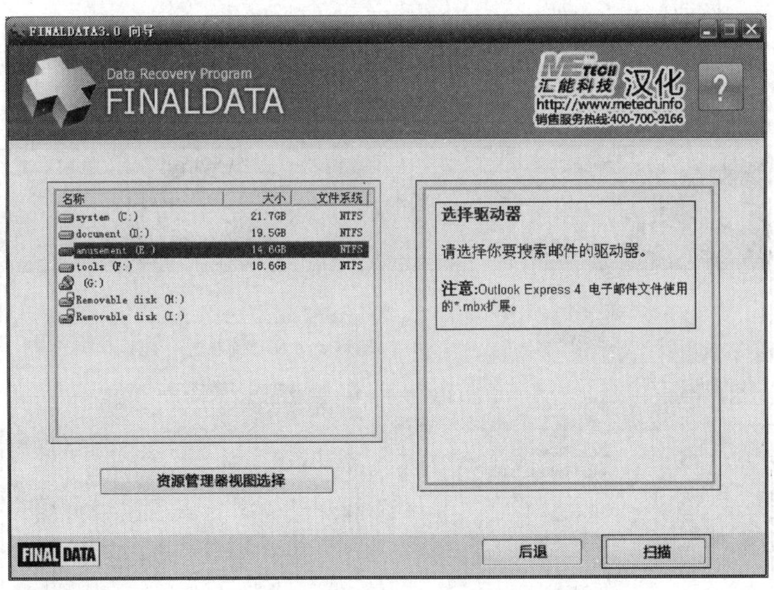

图1.3.24　恢复邮件

Office文件修复

此选项有两个功能：

1）修复还原后不能打开的 Office 文档。

2）修复损坏 Word，Excel，PowerPoint 或 Access 文件。

第一步：单击“Office 文件修复”按钮（图 1.3.25）。

图1.3.25 Office文件修复

第二步：选择要修复的 Office 文件类型并单击（图 1.3.26）。

第三步：选择要修复的文件，单击“修复”按钮（图 1.3.27）。

第四步：选择要保存修复文件的文件夹，文件修复后，会保存到该文件夹内（图 1.3.28）。

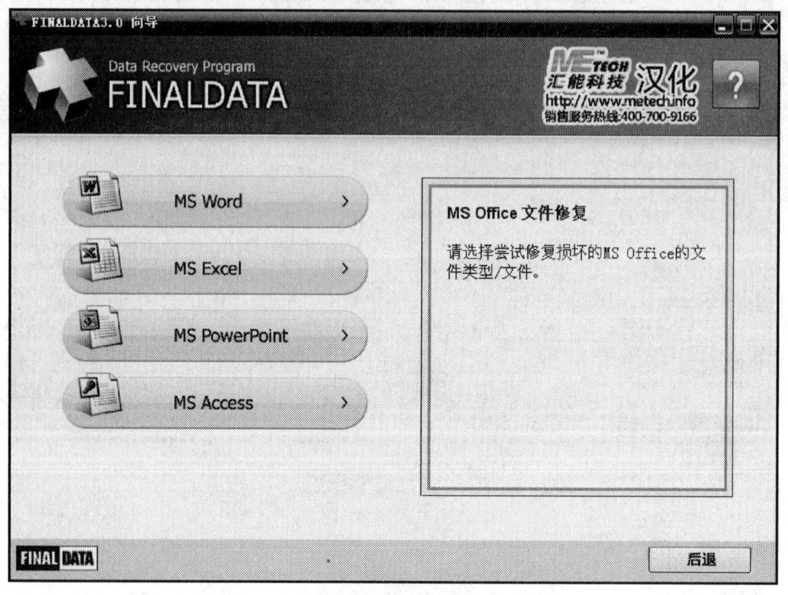

图1.3.26 选择Office文件类型

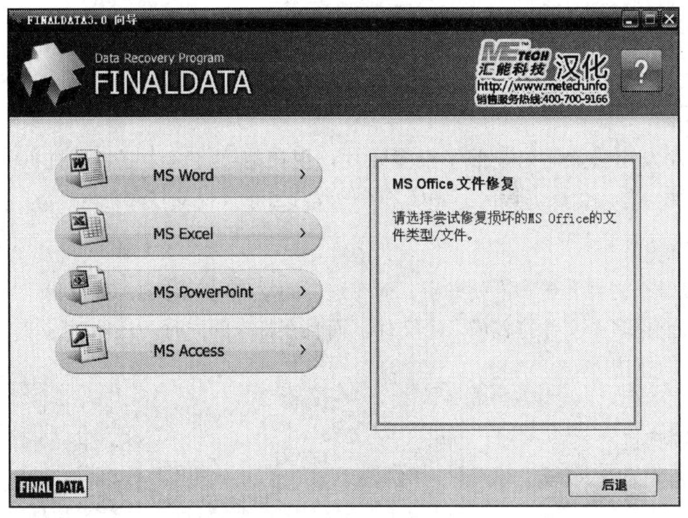

图1.3.27 修复Office文件

图1.3.28 浏览文件夹

高级数据恢复

“高级数据恢复”按钮可以切换到专家模式，与向导模式相比，其不同之处在于：更为专业、灵活，可以根据自己的需要进行设置并还原所需内容，本例不作深入讲解。图 1.3.29 是专家模式界面。

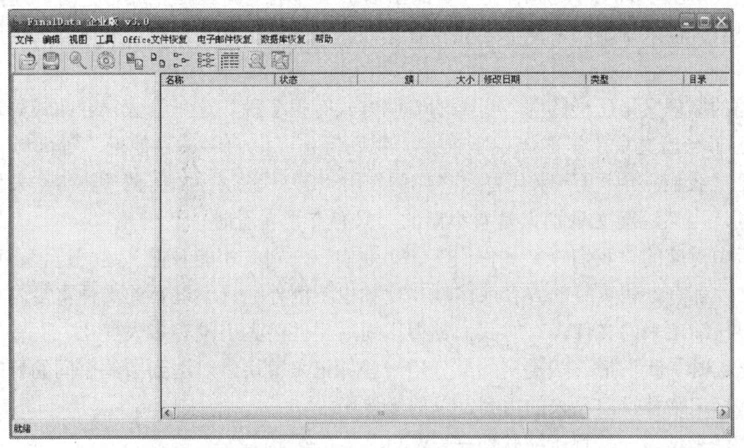

图1.3.29 专家模式界面

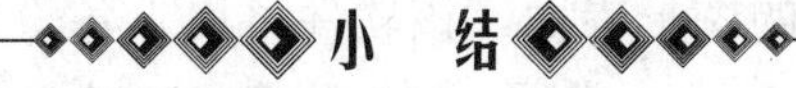

小 结

本项目我们学习了数据恢复的方法，而其中也不局限于使用某一种方法，可以多种方式交替使用以还原丢失文件。另外数据保护的最好方法就是多做备份，不要把资料放在一个硬盘里，可以把它备份到 U 盘、移动硬盘或者刻录成光盘。这样更利于长期保存，一旦数据丢失，即便是能通过软件恢复，但恢复出来的数据也不一定能 100% 完全使用。

项目四　解压缩软件

案例导入

小刘遇到一个难题，周末与好朋友出去旅游时，照了很多照片，现在他要将这些照片通过E-mail传给好友。但上传文件时，只能一个一个地上传，上传这么多的照片会花费很多时间。

▩ 分析

如果我们能将小刘的照片打包成一个文件上传一次就好了。但有这样的软件吗？有的，现在我们就要介绍一款解压缩软件，它不仅能把多个文件打包成一个文件，而且在打包的同时，还能对这些文件进行压缩，起到缩小存储空间的作用。

解压缩软件的作用如下：

1）上传到网络的多个文件首先要打包，才能一次性上传。

2）有些文件过大，需要将其压缩才能放入U盘。

3）为文件设置密码。

4）对数据备份。

解压缩软件在平时的使用频率还是很高的，我们从网上下载的资源，其关联文件是很多的，如果每一个文件都做一个下载链接，暂且不论实现的可能性，我们在下载的时候也会觉得很麻烦，因此资源的关联文件就迫切地需要打包在一个文件里以便于下载，另外下载所需的时间我们不能忽略，同等网速下，文件越小，下载所用的时间当然就越少。所以解压缩软件不仅能打包文件，还能在打包时对文件进行压缩，以缩短网络传输时间。根据文件的类型和内容不同，压缩比例也不同，编者曾把一个60MB之多的视频压缩到只有1MB多，节约了空间。在压缩打包时，还能设置解压密码，在解压时只有输入正确的密码，才能查看文件，实现对文件的保护，有时我们也用它来对数据进行备份。

那么压缩的原理又是怎样的呢？压缩的编码方式有很多种，这里给大家介绍最好理解的方式。例如，我们写了一篇文章，里面出现了很多“我们”、“你们”、“他们”等高频词。现在我们做个实验，把“我们”用“1”来代替，“你们”用“2”代替，“他们”用“3”来代替，十分简便，节省空间。当然这篇文章别人是看不懂的，只有在别人看时，我们用“1”、“2”、“3”分别来还原文章中对应的“我们”、“你们”、“他们”，别人才能看懂，这一过程，可以看作是解压。所有的文件都有一些重复的内容或区域，视频也不例外。只不过有的文件重复内容多，而有的少而已，所以压缩出来的文件，有时我们觉得压缩后文件的大小没有多大变化，而有的压缩比例却大得惊人。压缩时，我们把这些重复的部分用一些标记来替换，以达到节约空间的目的；解压时，我们又用这些标记来替换回原来的内容，以便于使用。

下面我们就来学习一款解压缩软件——WinRAR。

WinRAR是一款功能强大的压缩包管理器，它是档案工具RAR在Windows环境下的图形界面。该软件可用于备份数据，缩减电子邮件附件的大小，解压缩从Internet上下载的RAR、ZIP2.0及其他文件，并且可以新建RAR及ZIP格式的文件。

使用WinRAR快速压缩与解压

当WinRAR安装完毕后，会自动在快捷菜单中生成相应的命令，通过这些命令，我们可以快速地对文件夹进行压缩和解压，对用户来说非常方便，下面我们就以这种方式进行讲解。

1. 快速压缩

第一步：把要打包的所有文件及文件夹全部放在同一个文件夹内。

我们以打包图片为例，新建“图片”文件夹，把要打包的所有图片全部复制或移动到“图片”文件夹内（图 1.4.1）。

第二步：在“图片”文件夹上右击，在弹出的快捷菜单中对应地有两个选项，如图 1.4.2 所示。

图1.4.1 新建“图片”文件夹

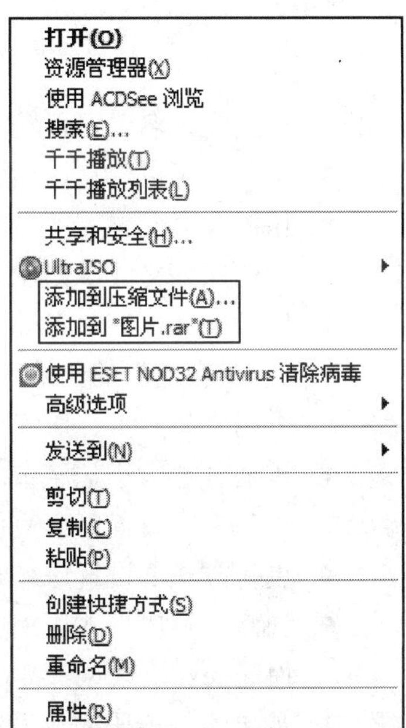

图1.4.2 快捷菜单

添加到“图片.rar”：用 WinRAR 的默认参数进行快速压缩，操作最简单方便，如果仅仅是把文件打包在一起，对压缩率及其他设置没有要求，通常就用这个选项。

添加到压缩文件：可以按用户的需求进行相应参数的设置，如设置密码、压缩方式、压缩率等。

第三步：选择添加到“图片.rar”命令，文件夹开始打包压缩，如图 1.4.3 所示。

当压缩完成后，在与“图片”文件夹同一路径下，生成一个与“图片”同名的压缩包，如图 1.4.4 所示。

1）如果希望在压缩的时候设置相应参数，可以在“图片”文件夹上右击，在快捷菜单中选择“添加到压缩文件”命令，这时会弹出“压缩文件名和参数”对话框（图 1.4.5），进行相应的参数设置。

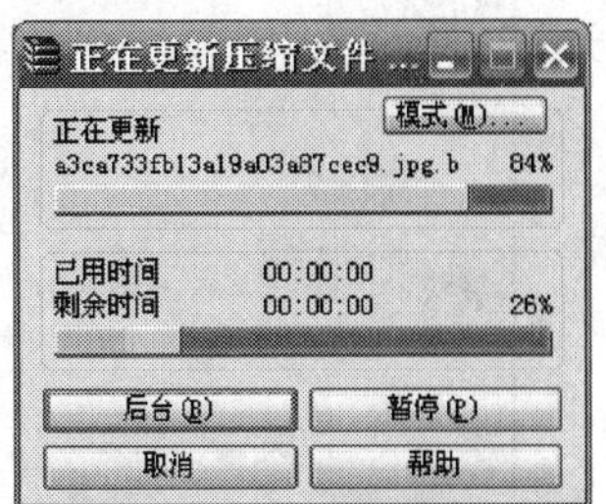

图1.4.3 打包压缩

图1.4.4 生成同名的压缩包

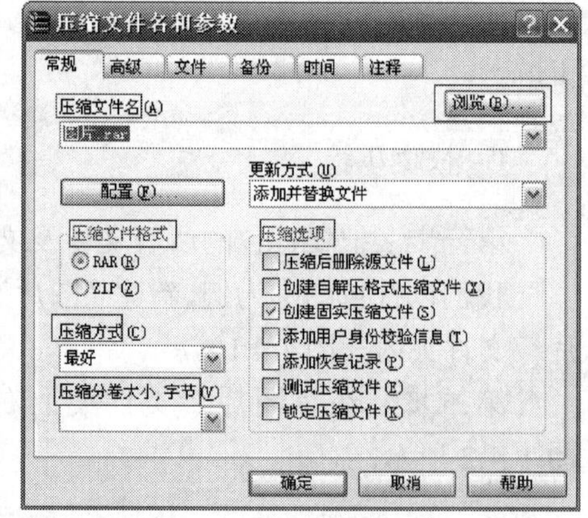

图1.4.5 设置压缩文件名和参数

- 压缩文件名：可以输入压缩包的名称，默认与被压缩的文件夹同名。
- 浏览：可以选择压缩包的保存位置，默认与被压缩的文件夹保存在同一路径。
- 压缩文件格式：可选择 ZIP 或 RAR 格式进行压缩，压缩方式有所不同，ZIP 是早期的压缩格式，RAR 是现在使用比较普遍的压缩格式。
- 压缩方式：有“存储”、“最快”、“较快”、“标准”、“较好”、“最好”共六种压缩方式。“存储”的压缩率最低，占用空间最多，压缩速度最快。“最好”的压缩率最高，占用空间最少，压缩速度最慢。
- 压缩分卷大小，字节：可以将一个大的文件，切割成多个相同大小的文件，可在下拉列表中设置单个文件的大小。
- 更新方式：设置压缩时是否删除原有文件。
- 创建自解压格式压缩文件：此选项被选中，压缩后的文件包扩展名不是常规的 .rar，而是 .exe，意味着，在没有解压软件的计算机上，也能双击文件进行自动解压缩。

2）如果希望给压缩包设置解压缩密码，提高文件的安全性，可以进行下面的操作。

切换到“高级”选项卡（图 1.4.6），单击“设置密码”按钮。在“带密码压缩”对话框中（图 1.4.7），输入并确定密码。

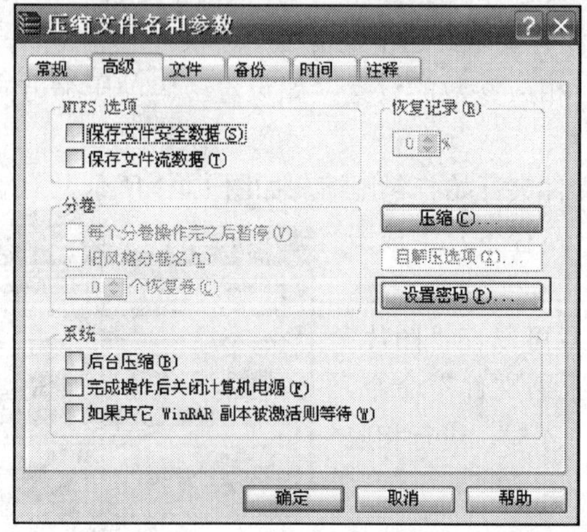

图1.4.6 压缩文件名和参数——高级选项卡

图1.4.7 带密码压缩

如果希望在解压时，出现如图 1.4.8 所示的注释信息，可进行下面的操作。

切换到“注释”选项卡（图 1.4.9），可以从文本文件中加载注释信息，单击“浏览”按钮选择文本作为注释内容。也可以在“手动输入注释内容”文本框中输入注释信息。单击“确定”按钮，完成压缩包的设置并进行压缩。

图1.4.8 注释信息

压缩文件名和参数
常规 高级 文件 备份 时间 注释
从文件中加载注释(F)
浏览(B)...
手动输入注释内容(C)
我输入的注释信息！！！
确定 取消 帮助

图1.4.9 输入注释信息

2. 快速解压

第一步：在需要解压的文件上右击，在弹出的快捷菜单中（图 1.4.10），包含了解压的相关命令。

解压文件：不会立即解压，会弹出“解压路径和选项”对话框（图 1.4.11），让用户自行设置解压的方式。

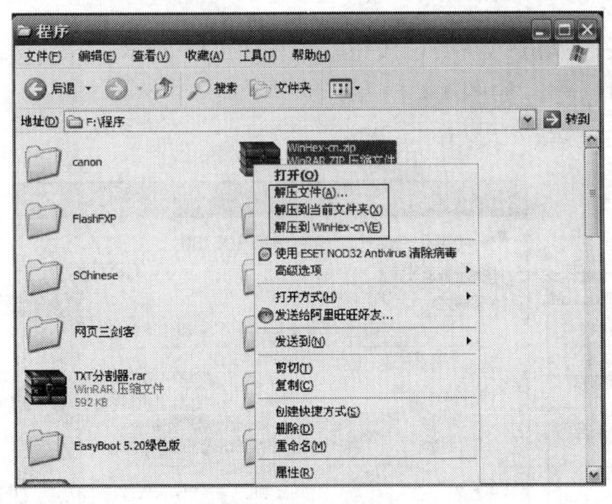

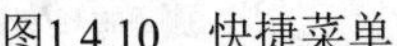
图1.4.10 快捷菜单

图1.4.11 解压路径和选项

解压到当前文件夹：压缩包的所有文件会立即解压到前文件夹内，即 F 盘“程序”文件夹内。

解压到 winHex-cn：压缩包的所有文件夹会立即解压到 F:\ 程序 \winHex-cn 文件夹内。文件夹与压缩包同名。

本例以“解压文件”这种方式进行讲解。

第二步：在弹出的快捷菜单中，选择“解压文件”命令，弹出“解压路径和选项”对话框。在对话框中可以设置解压路径、更新方式及覆盖方式。单击“确定”按钮，完成解压。

在WinRAR主界面中进行压缩及解压

一般快捷菜单命令的快速压缩和解压已能满足日常的打包和解压需求了，但通过主界面进行的压缩和解压还有更丰富的操作。例如，只对压缩包的某一个或多个文件进行解压而非全部解压；预览压缩包中的某个文件等操作。

1. 压缩

第一步：双击 WinRAR 安装目录或桌面快捷图标，打开 WinRAR 窗口（图 1.4.12）。

第二步：在下拉列表中找到要压缩的文件夹所在的位置，如图 1.4.13 所示。

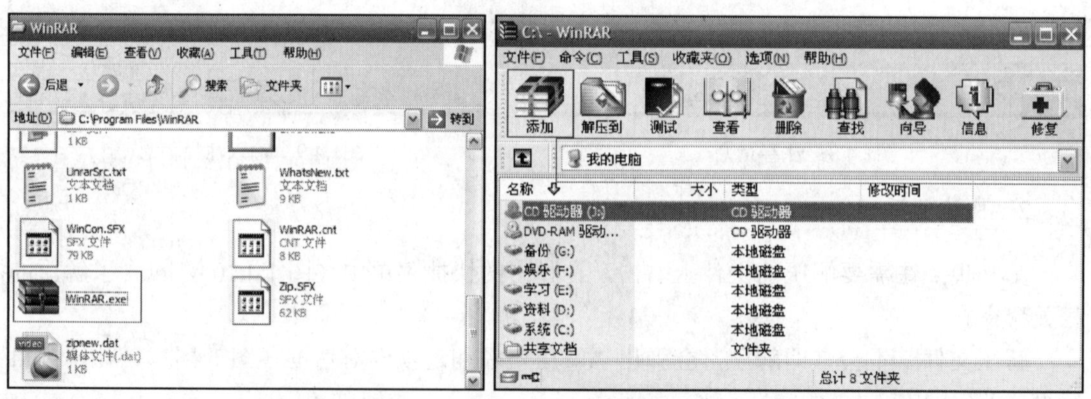

图1.4.12 WinRAR主界面　　　　图1.4.13 选择压缩文件所在位置

第三步：选中要压缩的“图片”文件夹，单击“添加”按钮，如图 1.4.14 所示。

第四步：弹出“压缩文件名和参数”对话框，如图 1.4.15 所示。

第五步：单击“确定”按钮完成设置并压缩。

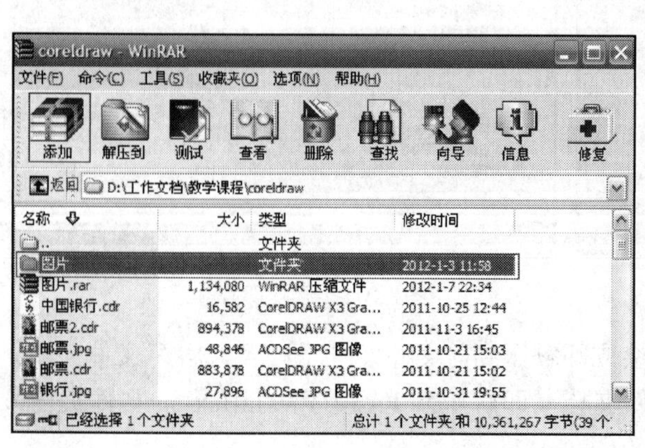

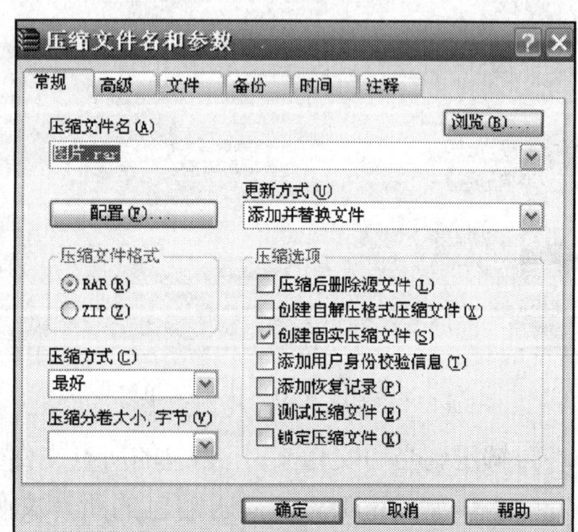

图1.4.14 选择要压缩的文件夹　　　　图1.4.15 “压缩文件名和参数”对话框

2. 解压

第一步：双击需解压的文件夹 WinHex-cn.zip，如图 1.4.16 所示，打开 WinRAR 窗口。

第二步：窗口中有两部分，左边为当前压缩包的所有文件，右边是压缩包的注释信息。窗口上方工具栏有如下按钮，如图 1.4.17 所示。

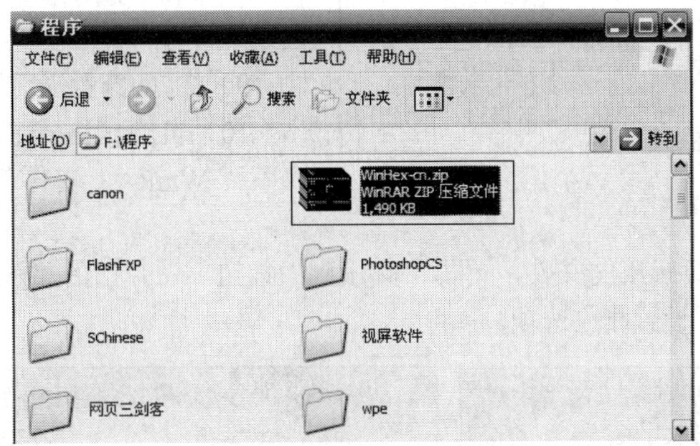

图1.4.16　需要解压的文件

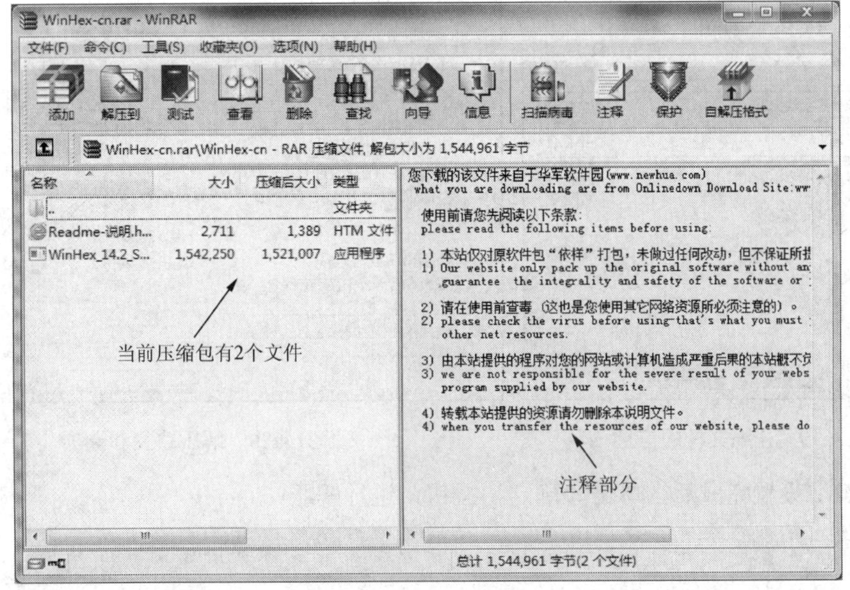

图1.4.17　WinRAR窗口

1）解压到：将选中的文件解压到指定的位置，可以解压单个文件也可以是多个，默认是全部。双击某一文件，可以对其进行快速解压到临时文件夹中预览或运行。

2）测试：对当前压缩文件进行测试，查看是否正确或完整。

3）查看：主要对文本文件进行预览查看。

4）删除：删除当前压缩包中的某些文件。

5）查找：当压缩包中的文件过多时，快速定位某一文件，如图 1.4.18 所示。

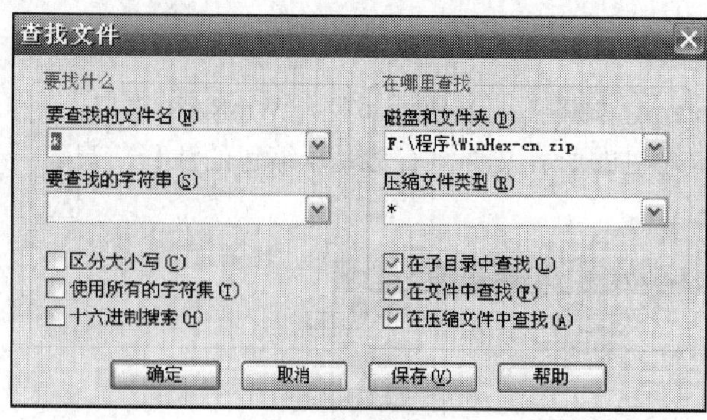

图1.4.18 查找文件

6）向导：在向导的引领下一步步进行解压，直至完成。

7）信息：记录当前压缩包的一些压缩信息，如图 1.4.19 所示。

8）扫描病毒：对当前压缩包进行检查，检查是否有病毒信息。

9）注释：查看当前压缩包的注释信息。

10）自解压格式：将当前压缩包转换成不需 WinRAR 软件都能解压的 EXE 文件。

第三步：选中要解压的文件，单击“解压到”按钮。在弹出的“解压路径和选项”对话框中（图 1.4.20）设置相应选项。

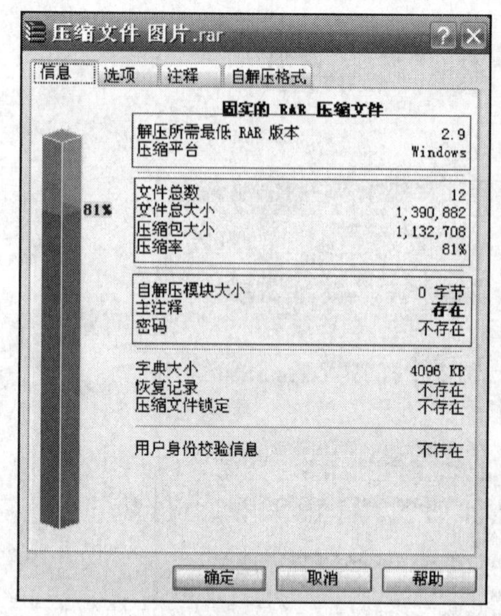

图1.4.19 压缩文件的信息

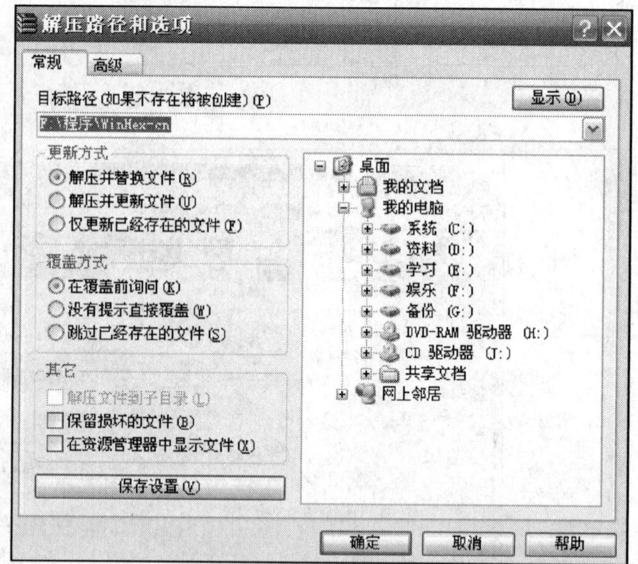

图1.4.20 解压路径和选项

第四步：设置完成后，单击“确定”按钮，进行解压。

小 结

本项目我们学习了解压缩软件 WinRAR 的使用。解压缩软件的使用比较简单，而且使用的频率也特别高。随着计算机的发展，文件格式也呈多样化发展，解压缩软件的种类也越来越多，压缩软件也需要不断地更新才能胜任工作，所以应尽量选用较高的版本，可以在多种压缩软件之间进行比较，选择最优压缩软件。

模块二　系统安全工具

项目一　杀　病　毒

案例导入

“常在河边走，哪有不湿鞋”，尤其是互联网如此发达的今天，每个人的计算机都有感染病毒的风险，小刘的计算机就感染了病毒。

■ 分析

感染病毒并不可怕，可怕的是对病毒的知识不了解。与医学上的“病毒”不同，计算机病毒不是天然存在的，是某些人利用计算机软件和硬件所固有的脆弱性编制的一组指令集或程序代码。它能通过某种途径潜伏在计算机的存储介质（或程序）里，当达到某种条件时即被激活，通过修改其他程序的方法将自己的以精确拷贝或者可能演化的形式放入其他程序中，从而感染其他程序，对计算机资源进行破坏，这些病毒就是人为造成的，对其他用户的危害性很大。

计算机病毒的产生来自于一次偶然的事件。最开始研究人员为了计算当时互联网的在线人数，后来却自己“繁殖”导致整个服务器的崩溃和堵塞。有时一次突发的停电和偶然的错误，会在计算机的磁盘和内存中产生一些乱码和随机指令，但这些代码是无序和混乱的。病毒则是一种比较完美的、精巧严谨的代码，按照严格的秩序组织起来，与所在的系统网络环境相适应和配合。病毒不会偶然形成，并且需要一定的长度，这个基本的长度从概率上讲是不可能通过随机代码产生的。现在流行的病毒是人为故意编写的，多数病毒可以找到作者和产地信息。

提高系统的安全性是防御病毒的一个重要方面，但完美的系统是不存在的，过于强调提高系统的安全性将使系统的多数时间用于病毒检查，从而使系统失去了可用性、实用性和易用性；另一方面，信息保密的要求让人们在泄密和抓住病毒之间无法选择。防御计算机病毒应该从两方面着手，首先应该加强内部网络管理人员及使用人员的安全意识，使他们能养成正确上网、安全上网的好习惯。再者，应该加强技术上的防范措施，如很多计算机系统常用口令来控制对系统资源的访问，这是防御病毒进程中最容易和最经济的方法之一。另外，安装杀毒软件并定期更新也是预防病毒的重中之重。

（1）计算机病毒的特点

繁殖性——计算机病毒可以像生物病毒一样进行繁殖，当正常程序运行的时候，它也进行自身复制，是否具有繁殖、感染的特征是判断某段程序为计算机病毒的首要条件。

破坏性——计算机感染病毒后，可能会导致正常程序无法运行，计算机内的文件被删除或受到不同程度的损坏。通常表现为增、删、改、移。

传染性——计算机病毒不但本身具有破坏性，更有害的是具有传染性，一旦病毒被复制或产生变种，其传播速度之快令人难以防御。传染性是病毒的基本特征。在生物界，病毒通过传染从一个生物体扩散到另一个生物体。在适当的条件下，它可得到大量繁殖，并使被感染的生物体表现出病症甚至死亡。同样，计算机病毒也会通过各种渠道从已被感染的计算机扩散到未被感染的计算机，在某些情况下造成被感染的计算机工作失常甚至瘫痪。与生物病毒不同的是，计算机病毒是一段人为编制的计算机程序代码，这段程序代码一旦进入计算机并得以执行，它就会搜寻其他符合其传染条件的程序或存储介质，确定目标后再将自身代码插入其中，达到自我繁殖的目的。只要一台计算机染上病毒，如不及时处理，那么病毒会在这台计算机上迅速扩散，计算机病毒可通过各种可能的渠道，如硬盘、移动硬盘、计算机网络传染其他的计算机。一旦在一台机器上发现了病毒，往往曾在这台计算机上用过的移动硬盘也已感染上了病毒，而与这台计算机联网的其他计算机也许也被该病毒感染。是否具有传染性是判别一个程序是否为计算机病毒的最重要条件。

潜伏性——有些病毒像定时炸弹一样，发作时间是预先设计好的。例如，黑色星期五病毒只有条件具备的时候发作，对系统进行破坏。一个编制精巧的计算机病毒程序，进入系统之后一般不会马上发作，因此病毒可以静静地躲在磁盘或磁带里呆上几天，甚至几年，一旦时机成熟，得到运行机会，就又要四处繁殖、扩散，继续危害。潜伏性的第二种表现是指，计算机病毒的内部往往有一种触发机制，不满足触发条件时，计算机病毒除了传染外不做任何破坏。触发条件一旦得到满足，有的在屏幕上显示信息、图形或特殊标识，有的则执行破坏系统的操作，如格式化磁盘、删除磁盘文件、对数据文件做加密、封锁键盘及使系统死锁等。

隐蔽性——计算机病毒具有很强的隐蔽性，有的可以通过病毒软件检查出来，有的根本就查不出来，有的时隐时现、变化无常，这类病毒处理起来通常很困难。

可触发性——病毒因某个事件或数值的出现，诱使病毒实施感染或进行攻击的特性称为可触发性。为了隐蔽自己，病毒必须潜伏，少做动作。如果完全不动，一直潜伏的话，病毒既不能感染也不能进行破坏，便失去了杀伤力。病毒既要隐蔽又要维持杀伤力，它必须具有可触发性。病毒的触发机制就是用来控制感染和破坏动作的频率的。病毒具有预定的触发条件，这些条件可能是时间、日期、文件类型或某些特定数据等。病毒运行时，触发机制检查预定条件是否满足，如果满足，启动感染或破坏动作，使病毒进行感染或攻击；如果不满足，使病毒继续潜伏。

（2）计算机病毒的破坏行为

计算机病毒的破坏行为体现了病毒的杀伤能力。病毒破坏行为的激烈程度取决于病毒作者的主观愿望和他所具有的技术能量。数以万计的、不断发展扩张的病毒，其破坏行为千奇百怪，不可能穷举其破坏行为，而且难以做全面的描述，根据现有的病毒资料可以把病毒的破坏目标和攻击部位归纳如下。

1）攻击系统数据区，攻击部位包括：硬盘主引寻扇区、BOOT扇区、FAT表、文件目录等。迫使计算机空转，计算机速度明显下降。

2）攻击磁盘，攻击磁盘数据、不写盘、写操作变读操作、写盘时丢字节等。

3）扰乱屏幕显示，病毒扰乱屏幕显示的方式很多，可列举如下：字符跌落、环绕、倒置、显示前一屏、光标下跌、滚屏、抖动、乱写、吃字符等。

4）键盘病毒，干扰键盘操作，已发现有下述方式：响铃、封锁键盘、换字、抹掉缓存区字符、重复、输入紊乱等。喇叭病毒在运行时，会使计算机的喇叭发出响声，已发现的喇叭发声有以下方式：演奏曲子、警笛声、炸弹噪声、鸣叫、咔咔声、嘀嗒声等。

5）攻击CMOS，在机器的CMOS区中，保存着系统的重要数据，如系统时钟、磁盘类型、内存容量等。有的病毒被激活时，能够对CMOS区进行写入动作，破坏系统CMOS中的数据。

6）干扰打印机，典型现象为假报警、间断性打印、更换字符等。

（3）计算机中病毒后的症状

1）计算机系统运行速度减慢。

2）计算机系统经常无故发生死机。

3）计算机系统中的文件长度发生变化。

4）计算机存储的容量异常减少。

5）系统引导速度减慢。

6）丢失文件或文件损坏。

7）计算机屏幕上出现异常显示。

8）计算机系统的蜂鸣器出现异常声响。

9）磁盘卷标发生变化。

10）系统不识别硬盘。

11）对存储系统异常访问。

12）键盘输入异常。

13）文件的日期、时间、属性等发生变化。

14）文件无法正确读取、复制或打开。

15）命令执行出现错误。

16）虚假报警。

17）换当前盘。有些病毒会将当前盘切换到C盘。

18）时钟倒转。有些病毒会命名系统时间倒转，逆向计时。

19）Windows操作系统无故频繁出现错误。

20）系统异常重新启动。

21）一些外部设备工作异常。

22）异常要求用户输入密码。

23）Word或Excel提示执行“宏”。

24）使不应驻留内存的程序驻留内存。

（4）计算机病毒的传播途径

1）通过硬盘传染。这是计算机病毒传播的重要渠道，由于带有病毒的机器移到其他地方使用、维修等，将干净的硬盘传染并再扩散。

2）通过光盘传播。因为光盘容量大，存储了海量的可执行文件，大量的病毒就有可能藏身于光盘，对只读式光盘，不能进行写操作，因此光盘上的病毒不能清除。以牟利为目的非法盗版软件的制作过程中，不可能为病毒防护担负专门责任，也决不会有真正可靠可行的技术保障避免病毒的传入、传染、流行和扩散。当前，盗版光盘的泛滥给病毒的传播带来了很大的便利。

3）通过网络传播病毒。这种传染扩散极快，能在很短的时间内传遍联网的计算机。Internet的风靡，给病毒的传播又增加了新的途径，它的发展使病毒可能成为灾难，病毒的传播更迅速，反病毒的任务更加艰巨。Internet带来两种不同的安全威胁，一种威胁来自文件下载，这些被浏览的或是被下载的文件可能存在病毒。另一种威胁来自电子邮件。大多数Internet邮件系统提供了在网络间传送附带格式化文档邮件的功能，因此，遭受病毒的文档或文件就可能通过网关和邮件服务器涌入企业网络。网络使用的简易性和开放性使得这种威胁越来越严重。

4）通过U盘传播病毒。由于U盘的便携性，存储数据量很大，流动性也特别强，已成为病毒传播的主要途径之一。

（5）计算机病毒的预防

1）杀毒软件经常更新，以快速检测到可能入侵计算机的新病毒或者变种。

2）使用安全监视软件，主要防止浏览器被异常修改及安装恶意插件。

3）使用防火墙或者杀毒软件自带防火墙。

4）关闭计算机自动播放并对计算机和移动存储设备进行常见病毒免疫。

5）定时进行全盘病毒木马扫描。

6）注意网址正确性，避免进入山寨网站。

7）不随意接受、打开陌生人发来的电子邮件或通过QQ传递的文件或网址。

8）使用正版软件。

9）使用移动存储设备前，最好先查杀病毒，然后再使用。

下面介绍两款优秀的杀毒软件，给大家的计算机加上一层保护层，尽可能抵御病毒的入侵。

国外优秀杀毒软件：ESET NOD32

1. 软件介绍

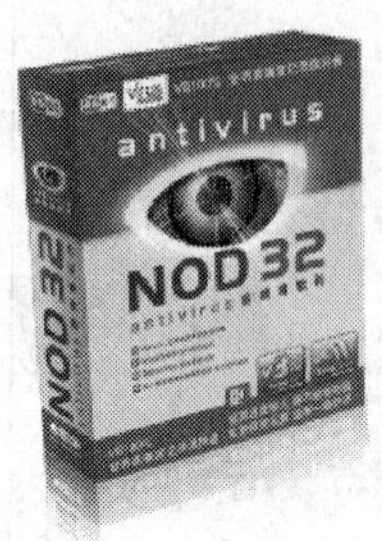

世界准确度
记录保持者

ESET NOD32 是由 ESET 发明设计的杀毒防毒软件。ESET 是一家全球性的安全防范软件公司，成立于 1992 年，是一家面向企业与个人用户的全球性的计算机安全软件提供商，其获奖产品——NOD32 防病毒软件系统，能够针对各种已知或未知病毒、间谍软件和其他恶意软件为计算机系统提供实时保护。

ESET NOD32 占用系统资源最少，侦测速度最快，可以提供最有效的保护，并且比其他任何防病毒产品获得了更多的 Virus Bulletin 100% 奖项。ESET 连续五年被评为“德勤高科技快速成长 500 强”公司，拥有广泛的合作伙伴网络，包括佳能、戴尔、微软等国际知名公司，在布拉迪斯拉发（斯洛伐克）、布里斯托尔（英国）、布宜诺斯艾利斯（阿根廷）、布拉格（捷克）、圣地亚哥（智利）等地均设有办事处，代理机构覆盖全球超过 100 个国家。

2. 软件荣誉

ESET NOD32 防病毒软件的高精准度、高性能和低系统占用率为其赢得了无数国际知名奖项和证书。

著名的英国独立评测机构 Virus Bulletin 于 2012 年 1 月 10 日颁布了 2011 年 12 月的 VB100 认证结果。反病毒软件行业中的主动防御领导者 ESET NOD32 杀毒软件毫无悬念地再次通过该次测试，这也是 ESET NOD32 第 71 次获得具备业内公认的“VB100”防毒认证奖项，该成绩依旧保持了行业最高纪录。

ESET NOD32 安全套装 4.0 不仅系统资源占用小，实时监控灵敏，误报率低和自我保护能力强，而且界面简洁易操作，功能设置人性化。所以，PCD 实验室在此授予 ESET NOD32 安全套装 4.0 编辑推荐奖。

ESET 防病毒软件，在 2006—2007 年度被评为“最佳防病毒产品”，从 2004 年至今，荣获了 11 次 AVC 的“Advanced ＋”称号，这些荣誉要比其他产品获得的两倍还要多。

3. 软件使用

当软件安装完毕后，会自动启动 ESET NOD32 杀毒软件，保护计算机。在计算机屏幕的右下角有 ESET NOD32 的图标，表示杀毒软件已启动。如果该图标颜色变成黄色或红色表示该软件存在安全风险，如病毒库过期或某个重要的安全选项没有启用等警示，提示用户按时更新病毒库，或检查安全设置等操作，红色表示安全威胁最大。用户只需根据颜色的不同，就能制定相应的应对措施。

软件安装完后，具体的配置操作如下：

第一步：双击计算机屏幕右下角的 ESET NOD32 图标，进入其主界面（图 2.1.1）。

第二步：单击“设置”按钮，启动需要保护的项目。建议全部开启，对计算机作最大化的安全保护。

导入和导出设置：把当前所有配置进行保存，供以后安装导入，省去重复劳动。

显示高级设置：也可按“F5”键，进行全面的软件设置。

第三步：按“F5”键，或选择“显示所有高级设置”命令，进入高级设置页面。

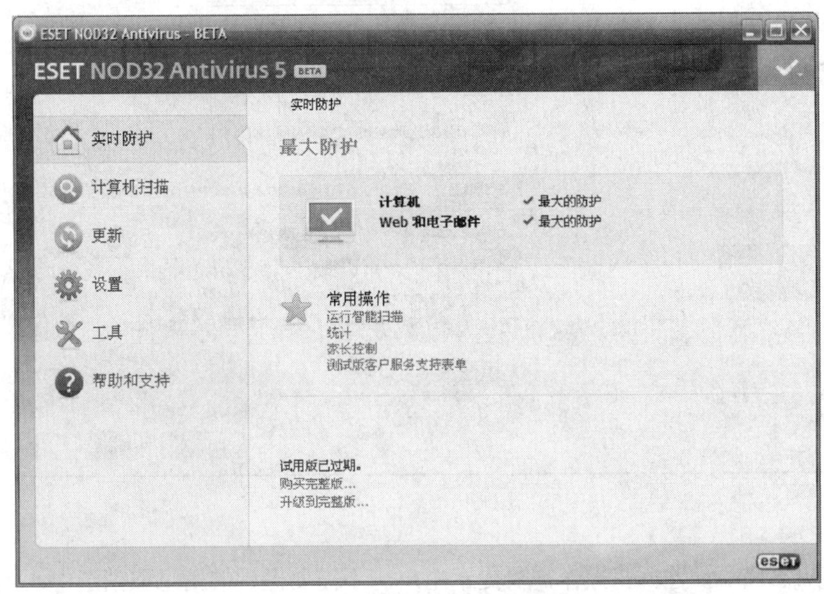

图2.1.1　ESET NOD32主界面

1）“用户界面”的配置。警报和通知：如果检测到威胁或者需要用户介入，则会出现警报窗口。可以设置开启或关闭（图 2.1.2）。关闭后有警报时，软件则自行处理，不用弹出窗口通知用户；开启则会通知用户，可设置消息持续显示时间等（图 2.1.3）。

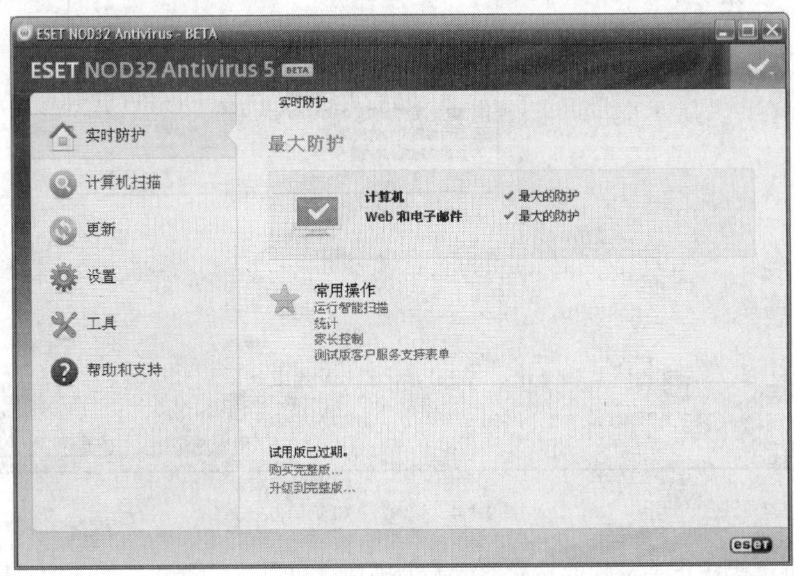

图2.1.2　设置

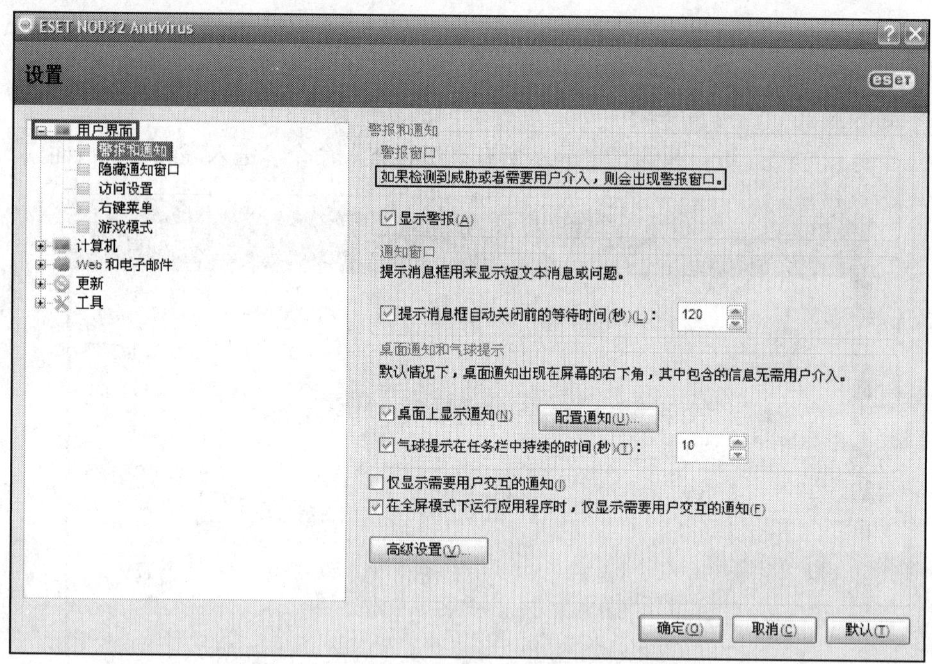

图2.1.3 警报和通知

隐藏通知窗口：设置哪些操作需要提示用户。不需要提示的消息取消选中（图 2.1.4）。

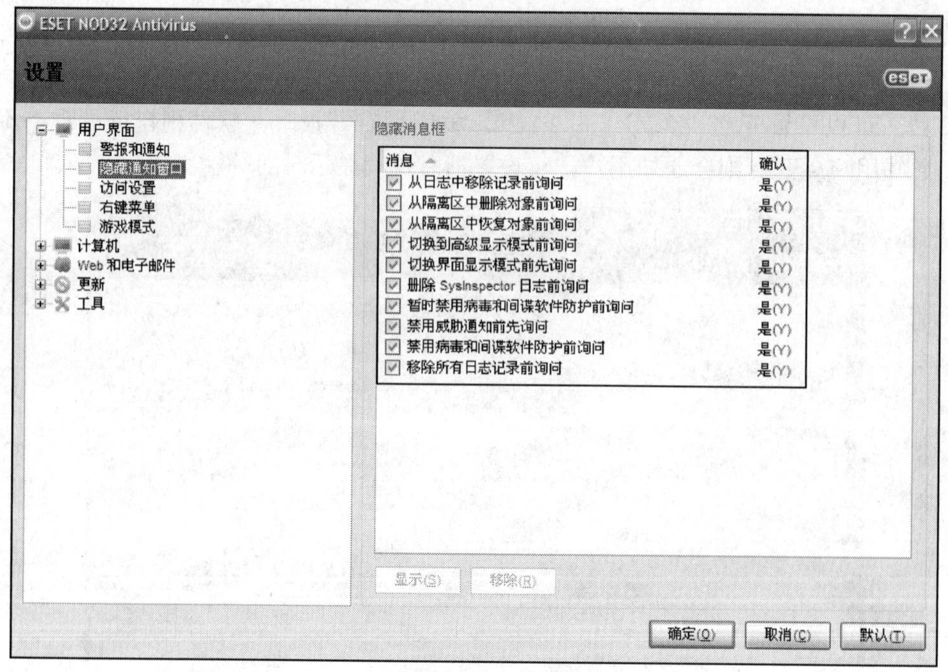

图2.1.4 隐藏通知窗口

访问设置：为防止杀毒软件被病毒或人为破坏，可以给杀毒软件加一把“锁”，只有当输入正确的密码后，才允许修改设置（图 2.1.5）。

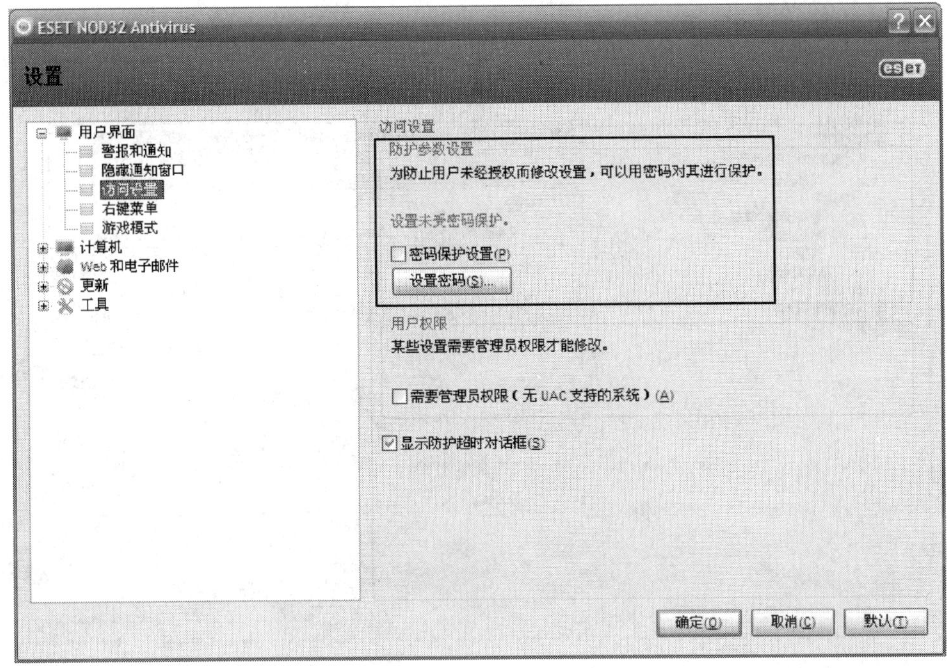

图2.1.5　访问设置

右键菜单：设置在文件或文件夹上右击时，弹出的快捷菜单所包含的杀毒选项（图 2.1.6）。

游戏模式：启用后，当进行游戏时或应用程序全屏时，不会弹出安全消息框，打扰用户。

2）“计算机”的配置。病毒和间谍软件防护：在“设置”页面（图 2.1.7）中，在列表中选择“计算机”，配置文件系统实时防护（图 2.1.8）、文档防护、按需扫描计算机、启动扫描和排除。

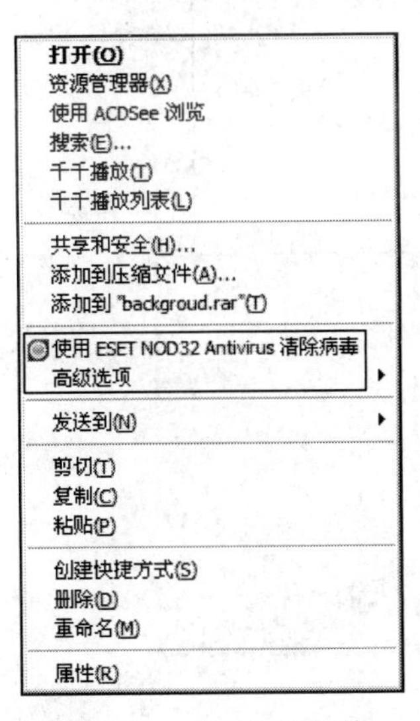

图2.1.6　右键快捷菜单

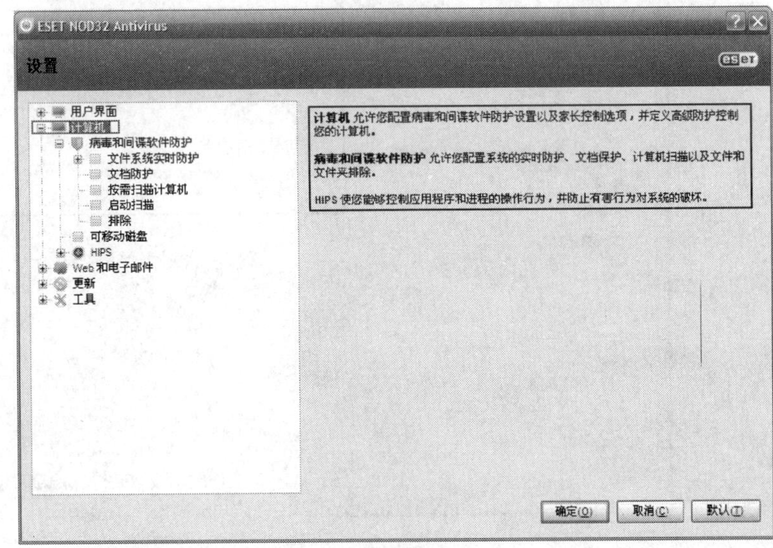

图2.1.7　“计算机”配置

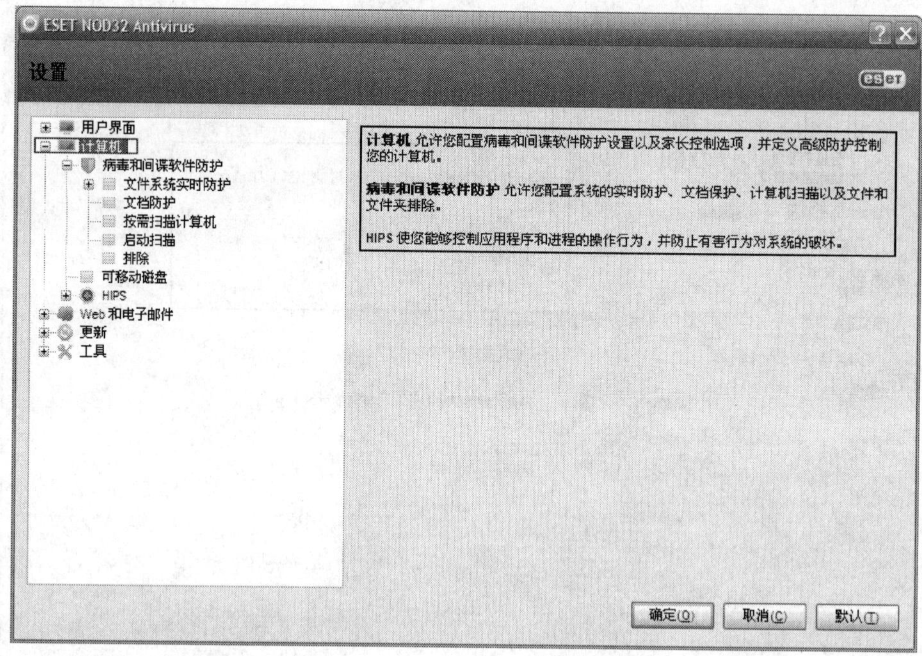

图2.1.8　文件系统实时防护的设置

其中，排除是指如果某个文件或文件夹用户不希望杀毒软件进行扫描，可以把该文件或文件夹加入排除列表中，以后扫描到该文件或文件夹时，系统会自动跳过。

可移动磁盘：设置当 U 盘、移动硬盘、内存卡等移动存储连接计算机时，操作方法如图 2.1.9 所示。

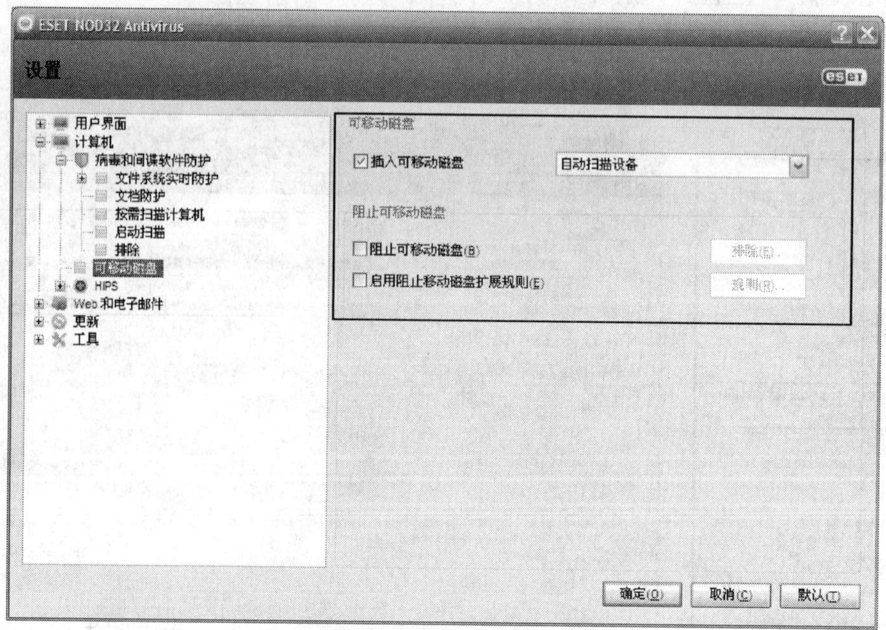

图2.1.9　可移动磁盘的设置

3）“Web 和电子邮件”的配置。通过对“Web 和电子邮件”的配置（图 2.1.10），设置对上网及电子邮件等的安全措施。

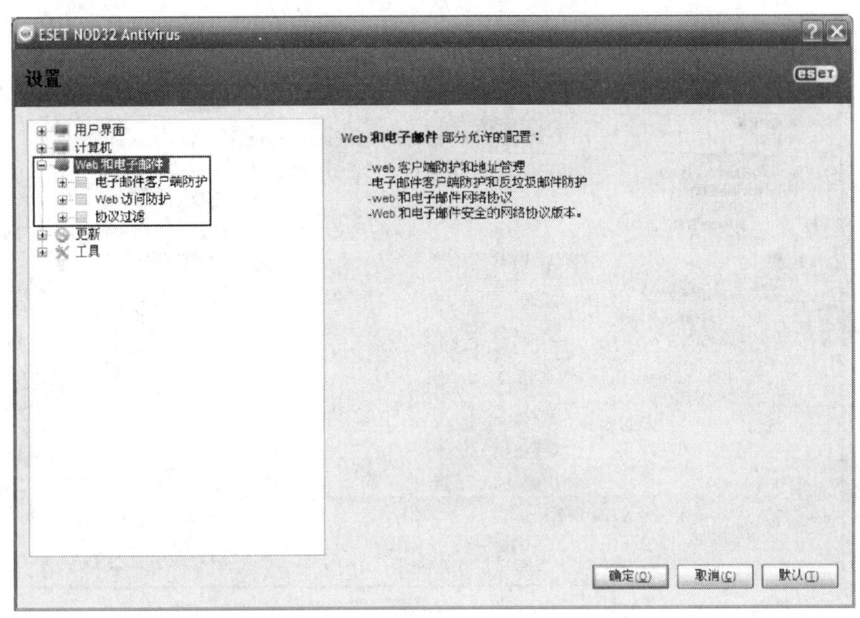

图2.1.10　Web和电子邮件的设置

电子邮件客户端防护：设置对电子邮件的监控，通过对 POP3、IMAP 等网络协议的监控，保护电子邮件的安全。

Web 访问防护：通过对 HTTP 网络协议的监控及监听常用的网络端口，如 80、8080 等，实施对上网安全的防护（图 2.1.11）。

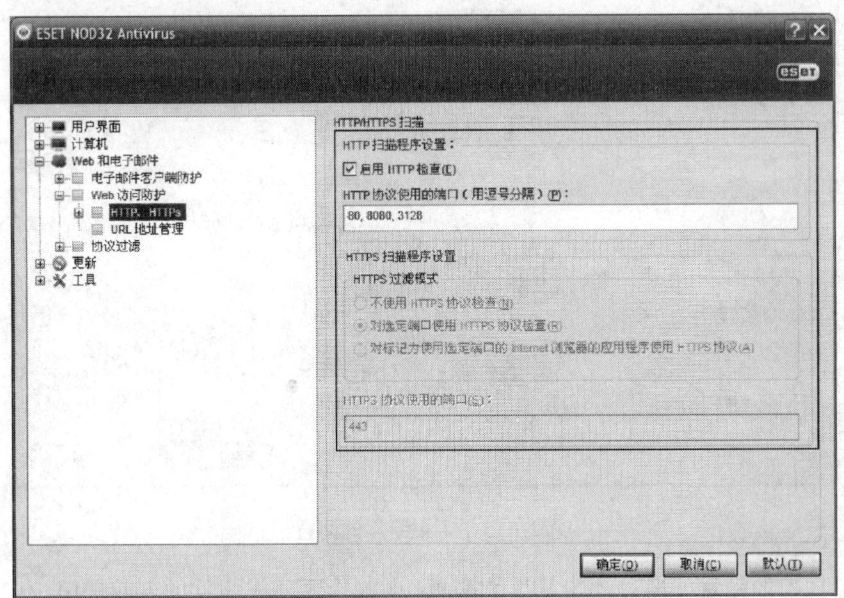

图2.1.11　HTTP、HTTPs的设置

如果安全设置过高，导致某些不存在安全威胁的网站无法打开，可以设置URL地址管理（图2.1.12），不对列表中的地址进行过滤。

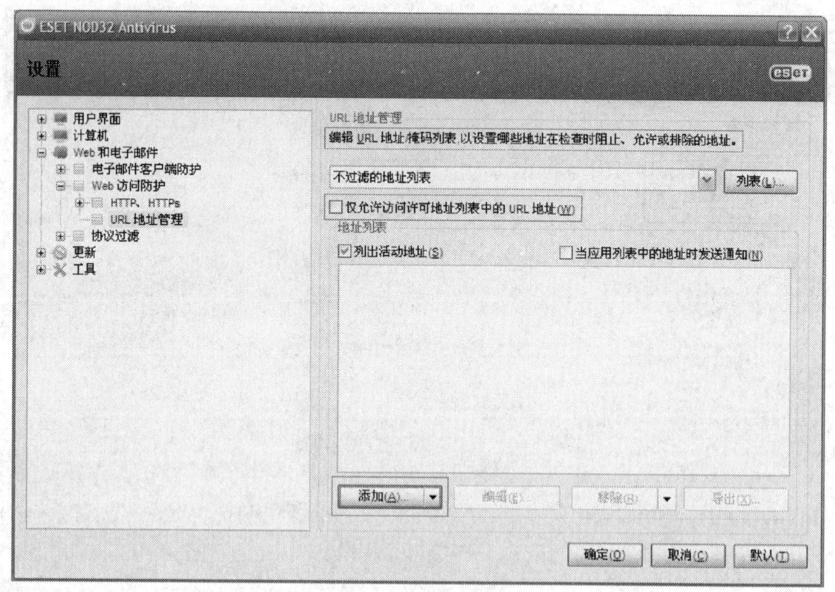

图2.1.12 URL地址管理

4）“更新”的配置。通过“更新”配置可以设置更新的频率、服务器地址和用户名（图2.1.13）。

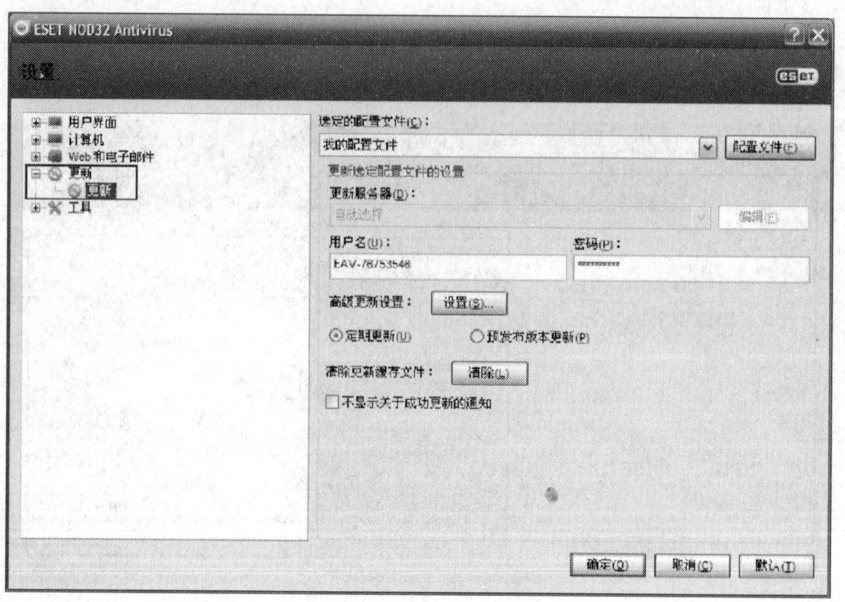

图2.1.13 “更新”的配置

5）“工具”的配置。通过“工具”的配置，可以设置日志文件的保存期限、代理服务器、系统更新提示、病毒隔离文件的处理方式等（图2.1.14）。

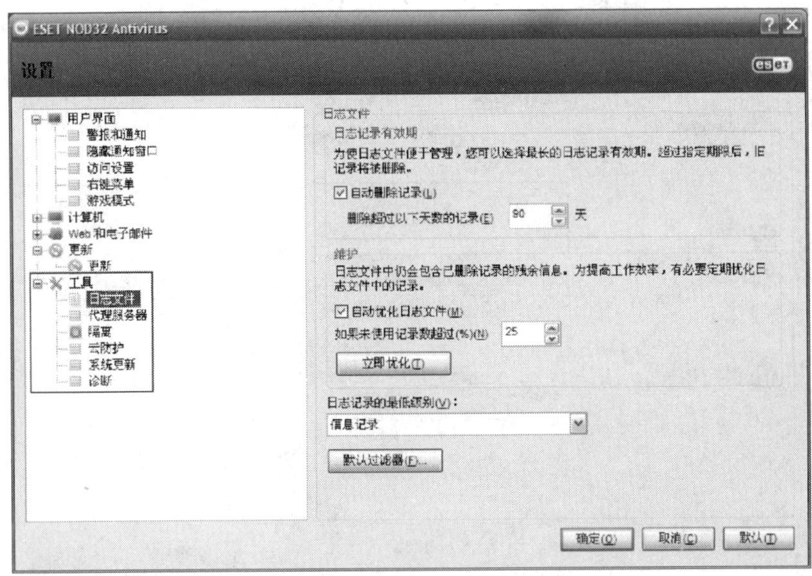

图2.1.14　“工具”的配置

第四步：当配置好杀毒软件后，用户可以保存配置信息，并再次进入到主界面时选择“计算机扫描”命令，进行杀毒（图 2.1.15）。

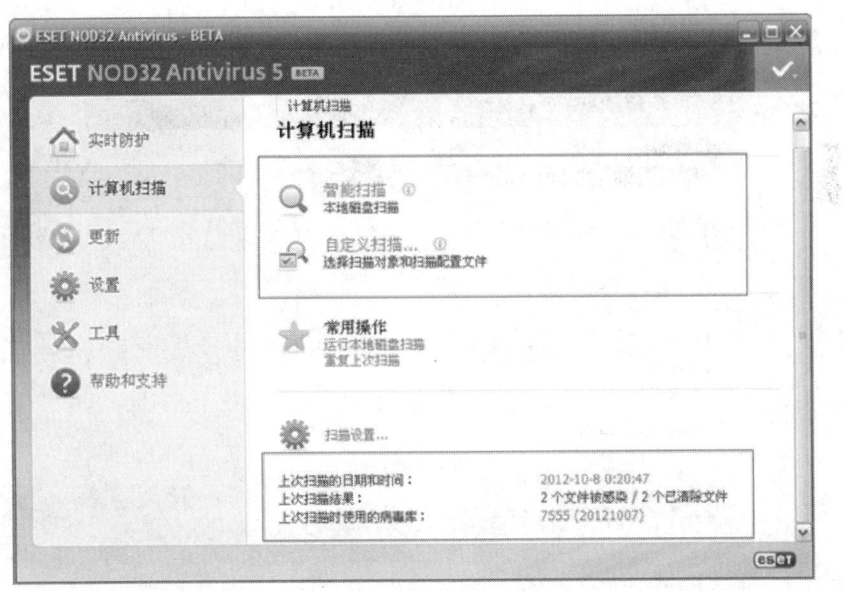

图2.1.15　计算机扫描

计算机扫描有两种扫描方式。

智能扫描：ESET NOD32 根据相应策略，进行智能化全盘扫描。如果扫描时间过长，还可以在每次关机前，启动程序进行扫描，并选择“扫描完成后自动关机”命令（图 2.1.16）。

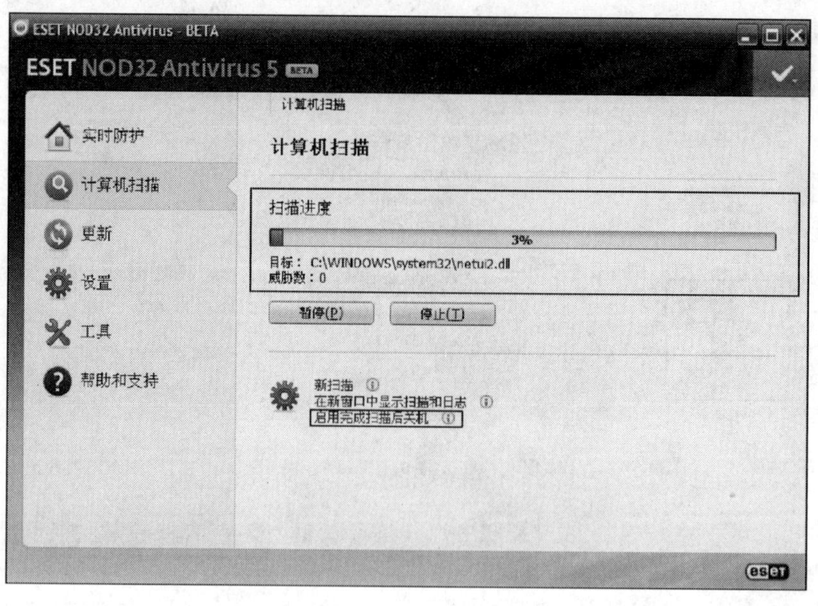

图2.1.16 进行计算机扫描

自定义扫描：可以自行设置扫描的对象，而无须进行全盘扫描，这样可以节省时间，有针对性地进行扫描（图 2.1.17）。

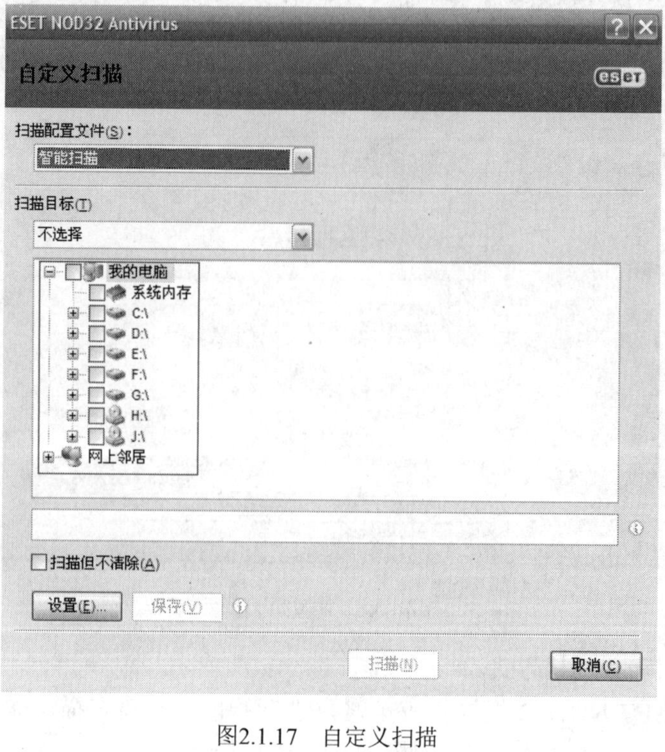

图2.1.17 自定义扫描

第五步：更新病毒库。定期升级病毒库，加强计算机防范（图 2.1.18）。

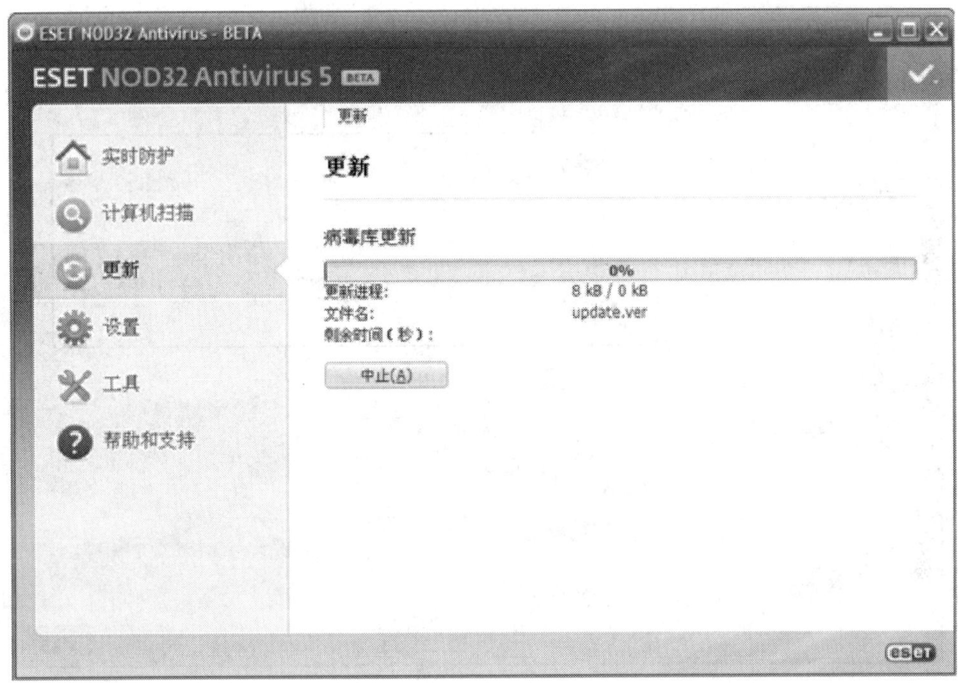

图2.1.18　更新病毒库

第六步：选择“工具”命令（图 2.1.19）。可以查看日志信息（图 2.1.20）、保护统计、查看当前计算机活动。

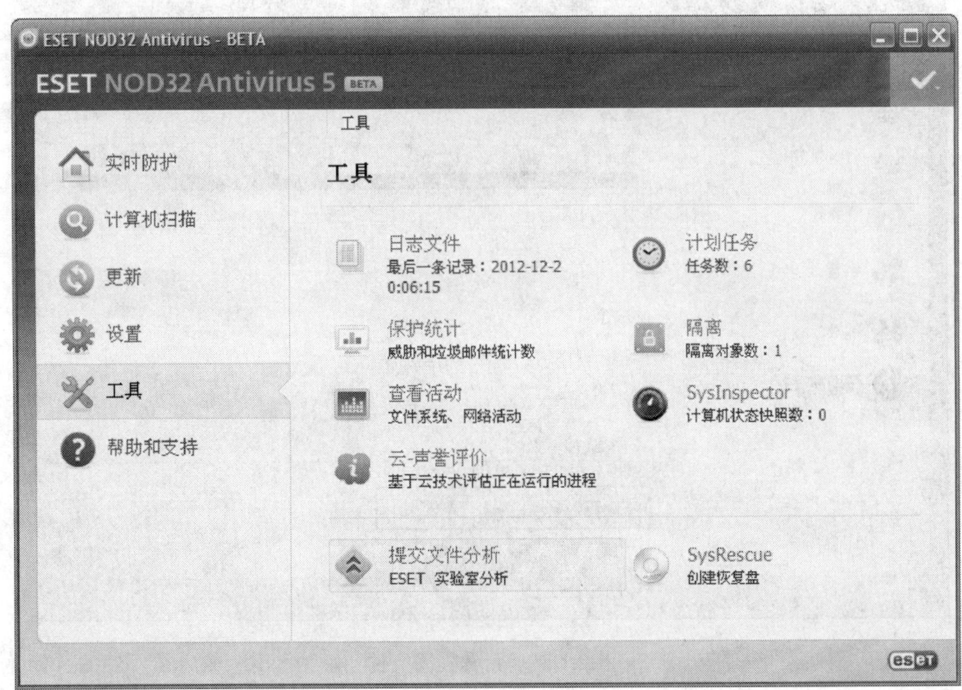

图2.1.19　工具

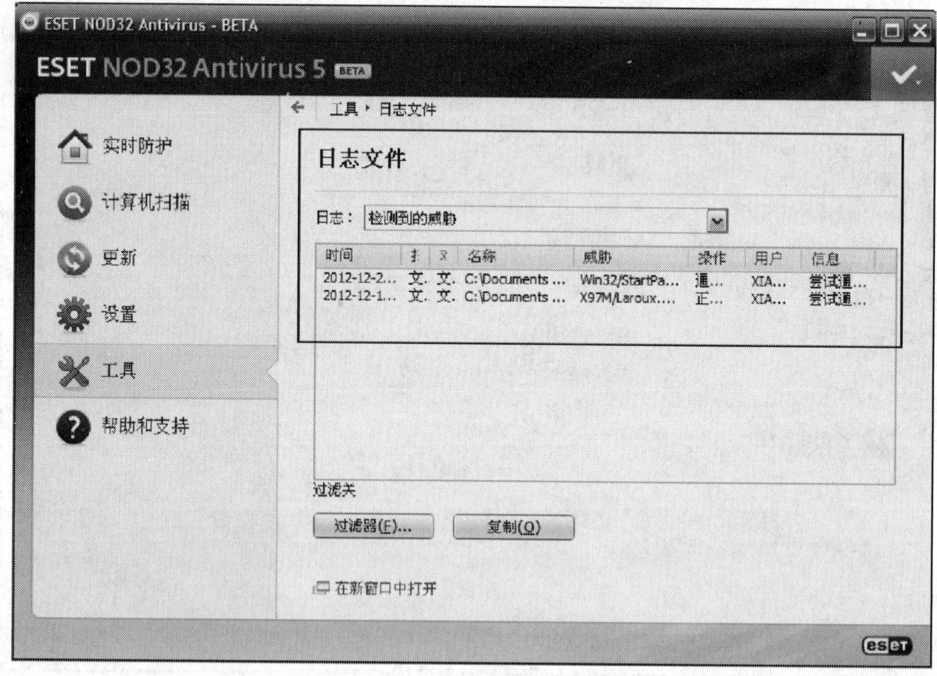

图2.1.20 查看日志文件

处理隔离文件，可以选择“恢复”或“隔离”（图 2.1.21）。

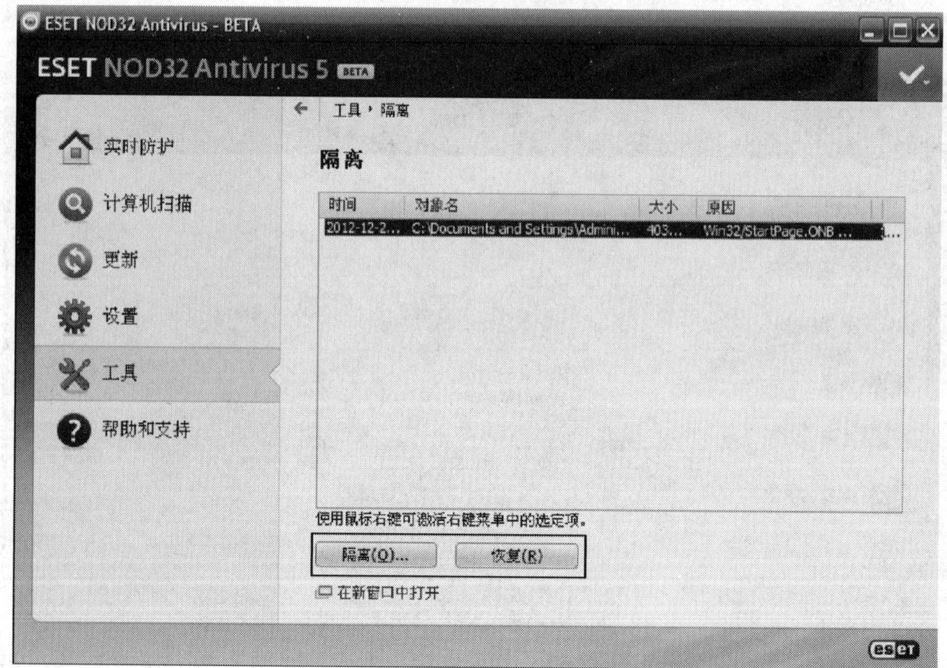

图2.1.21 查看隔离文件

查看历史统计信息，了解计算机受威胁情况（图 2.1.22）。

图2.1.22　历史统计

国内优秀杀毒软件：360杀毒

1. 软件介绍

360 杀毒无缝整合了来自罗马尼亚的国际知名杀毒软件 BitDefender（比特梵德）病毒查杀引擎、国际权威杀毒引擎小红伞（小红伞引擎是 3.0 公测版中新加入的引擎，且小红伞引擎与比特梵德引擎只能选择一个，可根据计算机配置选择，高配置请选择比特梵德，低配置请选择小红伞）、360QVM 人工智能引擎、360 系统修复引擎及 360 安全中心潜心研发的云查杀引擎。四引擎智能调度，为用户提供完善的病毒防护体系。360 杀毒可以第一时间防御新出现的病毒、木马。并且完全免费，不需激活码，轻巧快速不卡机，适合中低端机器，360 杀毒采用全新的“SmartScan”智能扫描技术，使其扫描速度极快，能为用户的计算机提供全面保护，二次查杀速度更快。

2. 软件荣誉

2011 年 4 月 11 日，360 杀毒再度高分通过 VB100 测试，共第 2 次通过国际权威 VB100 认证。2009 年 12 月，360 杀毒首次参加国际权威 VB100 认证即获通过。VB100 是国际安全业界最著名的认证之一，以其标准严苛著称，参加评测的安全软件只要有一个漏报或一个误报，就无法通过认证。这也是其名称中“100”的含义，意即“100%”检出率，“100%”无误报。

360 杀毒已经于 2009 年 10 月 28 日通过了公安部计算机病毒防治产品检验中心的检验，评定为“合格”。

360 杀毒通过英国西海岸实验室（WestCoast Labs）的木马检测、病毒检测、病毒清除三项测试，并荣获其 Checkmark 认证。

国际知名的 OESISOK 安全软件认证公布最新结果，国产 360 杀毒软件首次参加即获得认证。测试结果表明，永久免费的 360 杀毒不仅杀毒能力强劲，产品的兼容性和可靠性也达到了国际标准。

2011 年 11 月该软件在国际权威反病毒测试机构 AV-Comparatives（简称 AV-C）最新发布的报告中脱颖而出，在新病毒、未知病毒查杀率评测中排名第一。国际专业杀毒评测机构 2011 年“期末考试”成绩日前公布，在考验杀毒软件防护能力的动态测试中，国产 360 杀毒以 98.9% 的高分排名全球第一阵营，大幅领先于其他国产杀毒软件参加该测试时 82.3% 的成绩，从而获得 AVC 评测最高级别的 Advanced+ 认证，这也是国产杀毒软件首次在国际顶级反病毒评测中荣获最高级别认证。

AV-C 与 VB100、AV-Test、CheckMark 并称为国际四大权威杀毒评测，AV-C 是其中入围门槛最高、测试难度最大的评测，全世界每年仅有不超过 20 款产品有资格参加。同时，该项测试完全公开并进行排名，360 杀毒获得 AV-C 动态测试 Advanced+ 认证，是国产杀毒软件在该项测试中的历史最好成绩。

2012 年 4 月 17 日；国际专业反病毒测试机构 AV-C 发布报告，在刚刚结束的 3 月份手动扫描测试中，360 杀毒查杀率达到 99.9%，排名高居全球第一；在考验杀毒软件防护能力的动态测试中，360 杀毒拦截率成绩超过 99%，在所有 21 款参评软件中排名第五。

3. 软件使用

当 360 软件安装完毕后，系统会自动启动 360 杀毒软件，保护用户的计算机。在计算机屏幕的右下角有 360 杀毒的图标，表示杀毒软件已启动。

图2.1.23 360杀毒主界面

第一步：双击计算机屏幕右下角的 360 杀毒图标，进入到 360 杀毒的主界面窗口（图 2.1.23）。

第二步：体验“快速扫描”——仅仅扫描系统设置、常用软件、内存程序、开机启动项、系统关键位置等。如杀毒时间太长，不想等待，可以选中“扫描完成后自动处理并关机”（图 2.1.24）。

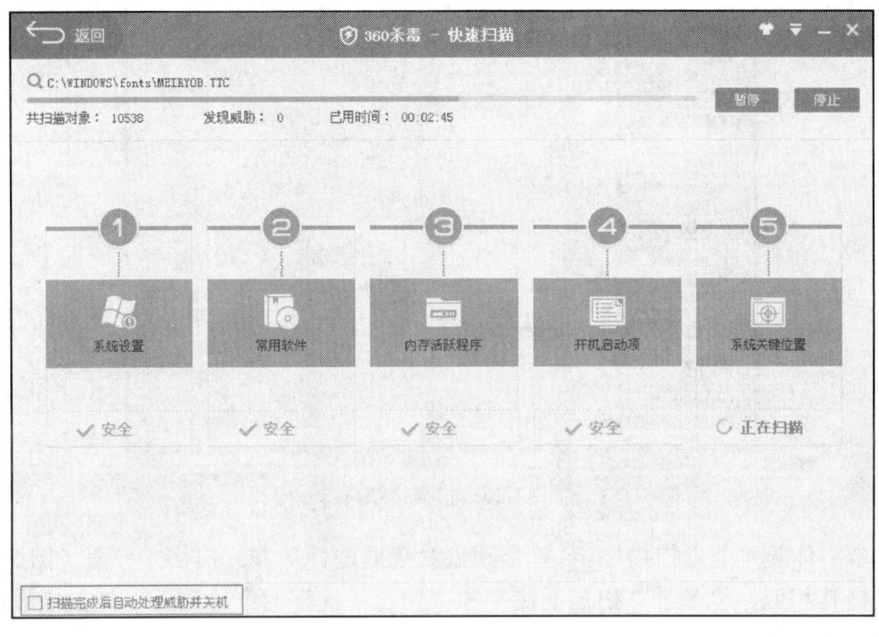

图2.1.24　快速扫描

扫描完后，给出处理选项，供用户选择。整个过程非常人性化。

还可单击“详情”选项（图 2.1.25），查看扫描的详细日志，将该文本日志存档（图 2.1.26）。

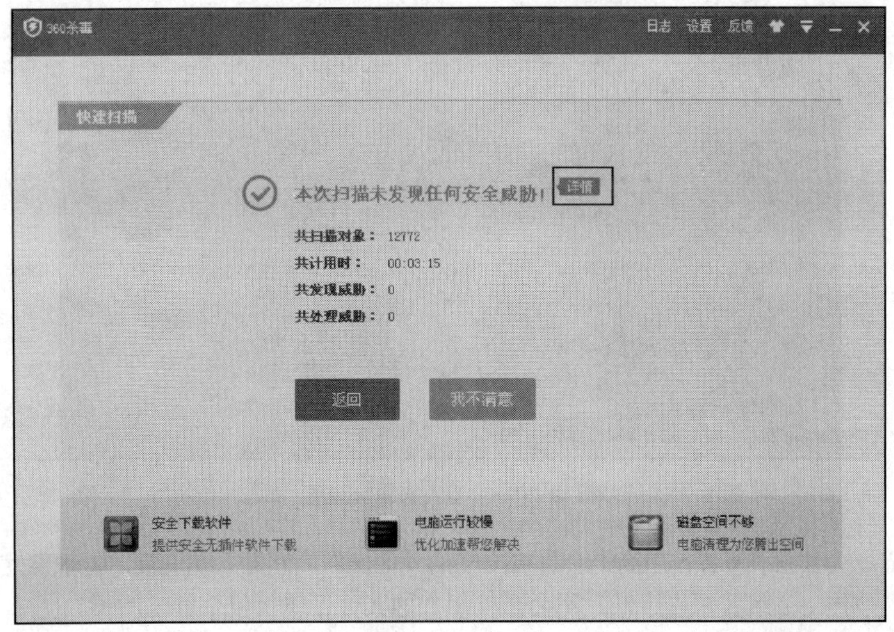

图2.1.25　快速扫描结果

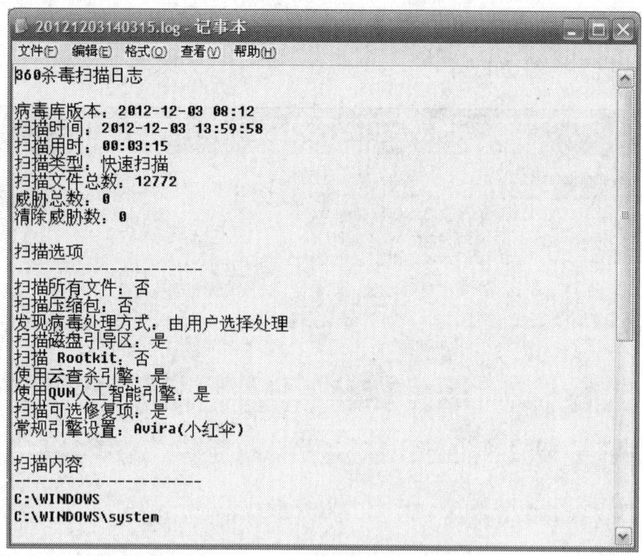

图2.1.26 扫描详细日志

第三步：体验“全盘扫描”，对整个硬盘的数据进行全方位扫描。界面（图 2.1.27）与快速扫描极其相似，但多了“扫描最快”和“性能最佳”两个选项。另外扫描最后一项变成了“所有磁盘文件”。

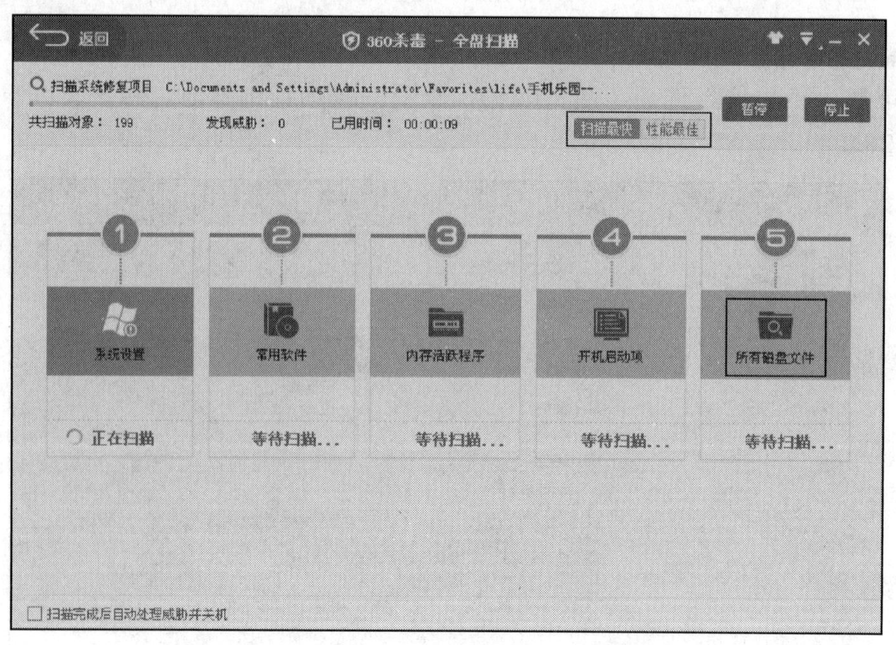

图2.1.27 全盘扫描界面

扫描最快：系统资源占用高，会影响用户的其他操作，感觉系统变慢，但杀毒速度快。

性能最佳：系统资源占用低，不会影响用户的其他操作，但杀毒时间长。

第四步：体验“自定义扫描”。当光标移动到主界面的“自定义扫描”时，会环绕着“自定义扫描”弹出自定义扫描内容（图 2.1.28）。可以单独对桌面、我的文档、Office 文档、光盘、手机病毒等进行单独扫描。

图2.1.28　自定义扫描界面

第五步：体验手动添加杀毒引擎。在主界面（图 2.1.29）左下角“多引擎保护中”，有一排图标，彩色表示当前杀毒引擎已启动，灰色表示该杀毒引擎没有启动。360 杀毒软件支持多杀毒引擎同时工作，但同时采用的引擎数越多，越耗用系统资源，因此可以根据自己计算机的性能，任意组合。

图2.1.29　360杀毒主界面

第六步：开启常规保护。在主界面中央有展开图标，单击图标，展开窗口，会看到有很多“保护”选项。为了最大化地保护计算机的安全，可以全部开启。

第七步：单击主界面的左下方有两个隐藏图标，可以展开选项，展开后如图 2.1.30 所示。

图2.1.30 隐藏图标展开后的界面

可以查看到当前系统性能情况及扫描后“威胁”文件的隔离情况。可以选择“查看隔离区”命令（图 2.1.31），对隔离的文件进行操作。

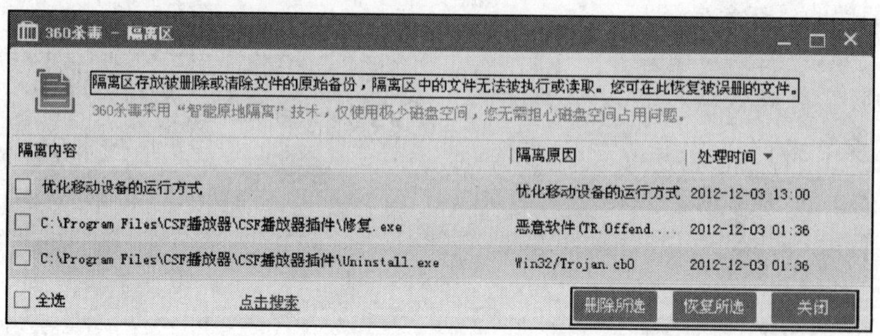

图2.1.31 隔离区

第八步：360 杀毒附带的更多的工具。在主界面的右下方，有一排 360 提供的免费工具（图 2.1.32）。

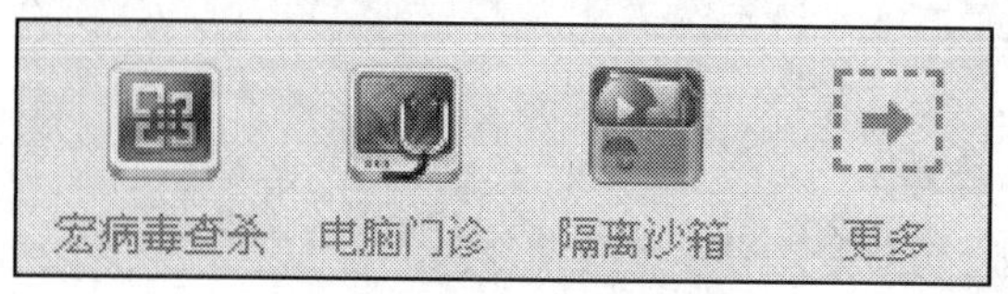

图2.1.32 360提供的免费工具

单击“更多”，会在主界面右侧展开一个侧边栏，有更多安全工具供用户免费使用（图 2.1.33）。

图2.1.33 侧边栏的安全工具

第九步：体验“换肤”，单击主界面右上角的换肤图标，会弹出 360 杀毒的“皮肤中心”（图 2.1.34），其中有官方制作的“皮肤”，也有热心网友自制的“皮肤”上传到服务器。

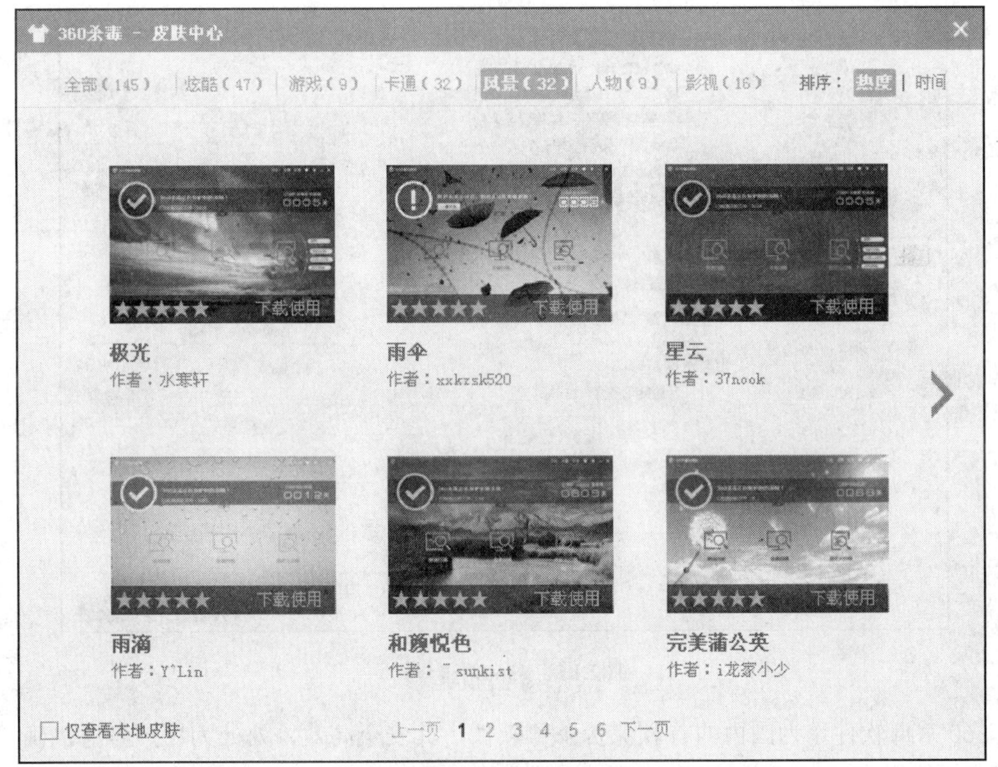

图2.1.34 360杀毒皮肤中心

第十步：如果想查看 360 杀毒记录的日志内容，可以单击主界面右上角“日志”，查看杀毒历史（图 2.1.35）。

360杀毒 - 日志

查看杀毒历史

您在此可以了解360杀毒运行的历史记录及其详细信息。

病毒扫描 实时防护 病毒免疫 产品升级 文件上传 系统性能

时间	事件	结果	详情
2012-12-03 14:15:29	全盘扫描	扫描被用户取消，未发现安全威胁	查看
2012-12-03 14:14:11	全盘扫描	扫描被用户取消，未发现安全威胁	查看
2012-12-03 14:13:47	全盘扫描	扫描被用户取消，未发现安全威胁	查看
2012-12-03 14:11:06	全盘扫描	扫描被用户取消，未发现安全威胁	查看
2012-12-03 14:03:15	快速扫描	扫描完成，未发现安全威胁	查看
2012-12-03 13:01:19	快速扫描	扫描完成，发现 1 个安全威胁	查看
2012-12-03 01:36:31	自定义扫描	扫描完成，发现 2 个安全威胁	查看
2012-12-02 23:10:10	快速扫描	扫描完成，发现 5 个安全威胁	查看

自动清除30天以上的记录 清空记录 关闭

图2.1.35 360杀毒日志

最后，如果要修改360杀毒的默认配置，或把一些文件排除在扫描范围以外，可以单击“设置”，进行白名单设置（图2.1.36）。

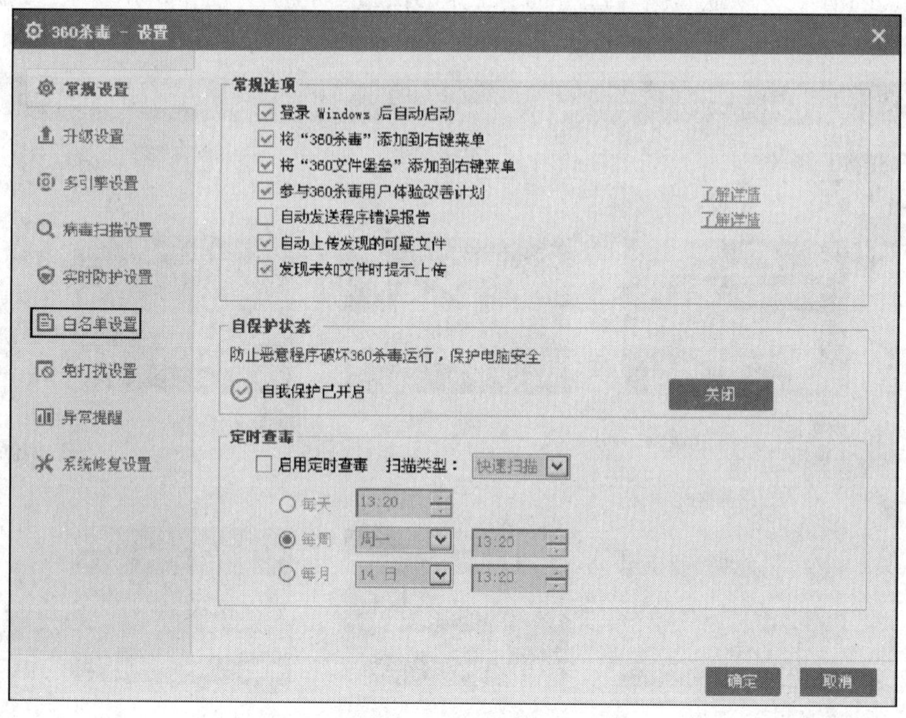

图2.1.36 360杀毒设置

360杀毒软件作为国内的首款免费杀毒软件，其安全高效、处处为用户考虑，确实在很多方面给用户带来了惊喜。在项目二，我们继续了解一款360公司出品的软件——360木马防火墙。

项目二　杀　木　马

案例导入

小刘的QQ号码被盗了，这可把他急坏了。后来在朋友的帮助下，通过QQ密码保护，好不容易才把QQ号码找了回来，却发现QQ里的Q币全没了。朋友告诉他可能是计算机上的木马把他的号给盗了，还给他讲了木马的有关知识。

分析

木马和病毒看似相似，它们都是人为编写的程序，但有实质区别。计算机病毒以破坏性为主，破坏操作系统，使计算机无法启动到操作系统；破坏硬盘数据，使文件无法打开；占满内存空间，使计算机运行速度变慢或死机；破坏网络，造成网络的堵塞。而木马又叫特洛伊木马，来源于一个经典的故事。木马以窃取为目的。它通过将自身伪装吸引用户下载执行，向施种木马者提供打开被种者计算机的门户，使施种者可以任意毁坏、窃取被种者的文件，甚至远程操控被种者的计算机。

一个完整的特洛伊木马套装程序包含两部分：服务端（服务器部分）和客户端（控制器部分）。植入对方计算机的是服务端，而黑客正是利用客户端进入运行了服务端的计算机。运行了木马程序的服务端以后，会产生一个有着容易迷惑用户的名称的进程，暗中打开端口，向指定地点发送数据（如网络游戏的密码，即时通信软件密码和用户上网密码等），黑客甚至可以利用这些打开的端口进入计算机系统。

下面是几种常见的木马。

1）网络游戏木马。随着网络在线游戏的普及和升温，中国网游玩家的规模日益庞大。网络游戏中的金钱、装备等虚拟财富与现实财富之间的界限越来越模糊。与此同时，以盗取网游账号、密码为目的的木马病毒也随之发展泛滥起来。网络游戏木马通常采用记录用户键盘输入、Hook游戏进程API函数等方法获取用户的密码和账号。窃取到的信息一般通过发送电子邮件或向远程脚本程序提交的方式发送给木马作者。

网络游戏木马的种类和数量，在国产木马病毒中首屈一指。流行的网络游戏无一不受网游木马的威胁。一款新游戏正式发布后，往往在一到两个星期内，就会有相应的木马程序被制作出来。大量的木马生成器和黑客网站的公开销售也是网游木马泛滥的原因之一。

2）网银木马。网银木马是针对网上交易系统编写的木马病毒，其目的是盗取用户的卡号、密码，甚至安全证书。此类木马种类数量虽然比不上网游木马，但它的危害更加直接，受害用户的损失更加惨重。

网银木马通常针对性较强，木马作者可能首先对某银行的网上交易系统进行仔细分析，然后针对安全薄弱环节编写病毒程序。例如，2004年的“网银大盗”病毒，在用户进入中国工商银行网银登录页面时，会自动把页面换成安全性能较差但依然能够运转的老版页面，然后记录用户在此页面上填写的卡号和密码；“网银大盗3”利用招商银行网银专业版的备份安全证书功能，可以盗取安全证书；2005年的“新网银大盗”，采用API Hook等技术干扰网银登录安全控件的运行。

随着中国网上交易的普及，受到外来网银木马威胁的用户也在不断增加。

3）即时通信软件木马。现在，国内即时通信软件百花齐放。QQ、新浪UC、网易泡泡、盛大圈圈……网上聊天的用户群十分庞大。常见的即时通信类木马一般有三种。

① 发送消息型。通过即时通信软件自动发送含有恶意网址的消息，目的在于让收到消息的用户点击网址中毒，用户中毒后又会向更多好友发送病毒消息。此类病毒常用技术是搜索聊天窗口，进而控制该窗口自动发送文本内容。发送消息型木马常常充当网游木马的广告，如“武汉男生

2005”木马，可以通过MSN、QQ、UC等多种聊天软件发送带毒网址，其主要功能是盗取传奇游戏的账号和密码。

② 盗号型。主要目标在于即时通信软件的登录账号和密码。工作原理和网游木马类似。病毒作者盗得他人账号后，可能偷窥聊天记录等隐私内容，或将账号卖掉。

③ 传播自身型。2005 年年初，“MSN 性感鸡”等通过 MSN 传播的蠕虫泛滥了一段时间之后，MSN 推出新版本，禁止用户传送可执行文件。2005 年上半年，“QQ 龟”和“QQ 爱虫”这两个国产病毒通过 QQ 聊天软件发送自身进行传播，感染用户数量极大，在江民公司统计的 2005 年上半年十大病毒排行榜上分列第一名和第四名。从技术角度分析，发送文件类的 QQ 蠕虫是以前发送消息类 QQ 木马的进化，采用的基本技术都是搜寻到聊天窗口后，对聊天窗口进行控制，以达到发送文件或消息的目的。只不过发送文件的操作比发送消息复杂很多。

4）网页点击类木马。网页点击类木马会恶意模拟用户点击广告等动作，在短时间内可以产生数以万计的点击量。病毒作者的编写目的一般是赚取高额的广告推广费用。此类病毒的技术简单，一般只是向服务器发送HTTP GET请求。

5）下载类木马。这种木马程序的体积一般很小，其功能是从网络上下载其他病毒程序或安装广告软件。由于体积很小，下载类木马更容易传播，传播速度也更快。通常功能强大、体积也很大的后门类病毒，如“灰鸽子”、“黑洞”等，传播时都单独编写一个小巧的下载型木马，用户中毒后会把后门主程序下载到本机运行。

6）代理类木马。用户感染代理类木马后，会在本机开启HTTP、SOCKS等代理服务功能。黑客把受感染计算机作为跳板，以被感染用户的身份进行黑客活动，达到隐藏自己的目的。

7）DOS攻击木马。随着DOS攻击越来越广泛的应用，被用作DOS攻击的木马也越来越流行起来。当木马作者入侵了一台计算机，给被感染用户种上DOS攻击木马，那么日后这台计算机就成为木马作者DOS攻击的最得力助手。木马作者控制的计算机数量越多，其发动DOS攻击取得成功的几率就越大。

所以，这种木马的危害不是体现在被感染计算机上，而是体现在攻击者可以利用它来攻击一台又一台计算机，给网络造成很大的伤害和带来损失。还有一种类似DOS的木马叫作邮件炸弹木马，一旦机器被感染，木马就会随机生成各种各样主题的信件，对特定的邮箱不停地发送邮件，一直到对方系统崩溃、不能接受邮件为止。

8）FTP木马。FTP型木马打开被控制计算机的21号端口（FTP所使用的默认端口），使每一个人都可以用一个FTP客户端程序不用密码连接到受控制端计算机，并且可以进行最高权限的上传和下载，窃取受害者的机密文件。现在新FTP木马还加上了密码功能，这样，只有攻击者本人才知道正确的密码，从而进入对方计算机。

杀木马软件：360安全卫士

1. 软件介绍

360 安全卫士是一款由奇虎网推出的功能强、效果好、受用户欢迎的上网安全软件。360 安全卫士拥有查杀木马、清理插件、修复漏洞、电脑体检、保护隐私等多种功能，并独创了“木马防火墙”、“360 密盘”等功能，依靠抢先侦测和云端鉴别，可全面、智能地拦截各类木马，保护用户的账号、隐私等重要信息。由于 360 安全卫士使用极其方便实用，用户口碑极佳。目前在 4.2 亿中国网民中，首选安装 360 安全卫士的已超过 3.5 亿。

2. 软件使用

第一步：启动 360 安全卫士，进行电脑体检（图 2.2.1），电脑体检会对整个系统进行一次深度扫描，分析当前系统的安全指标，并量化成分数，供用户参考。然后给出安全建议，供用户选择性修护。

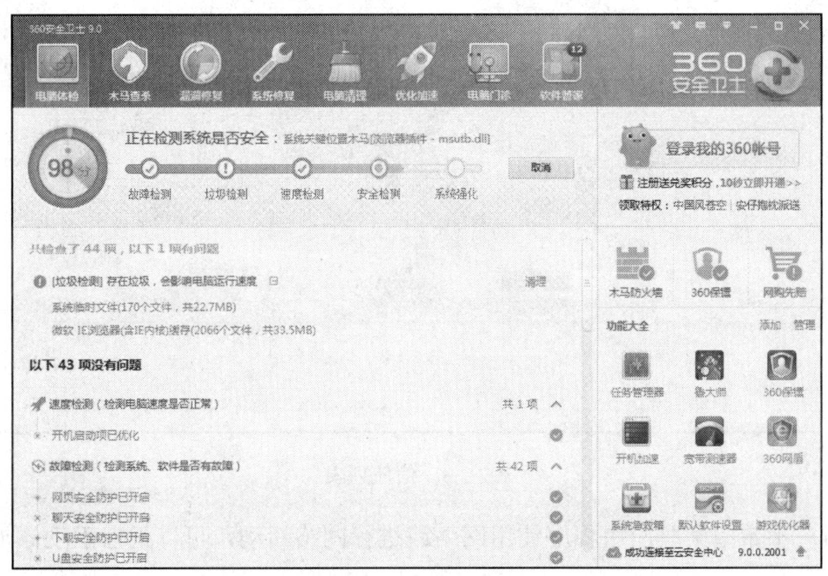

图2.2.1　电脑体检

第二步：单击主界面右侧“木马防火墙”进入防火墙设置界面（图 2.2.2），开启相应的防护。如果是局域网用户的话，建议开启“局域网防护”功能，拦截局域网木马攻击。

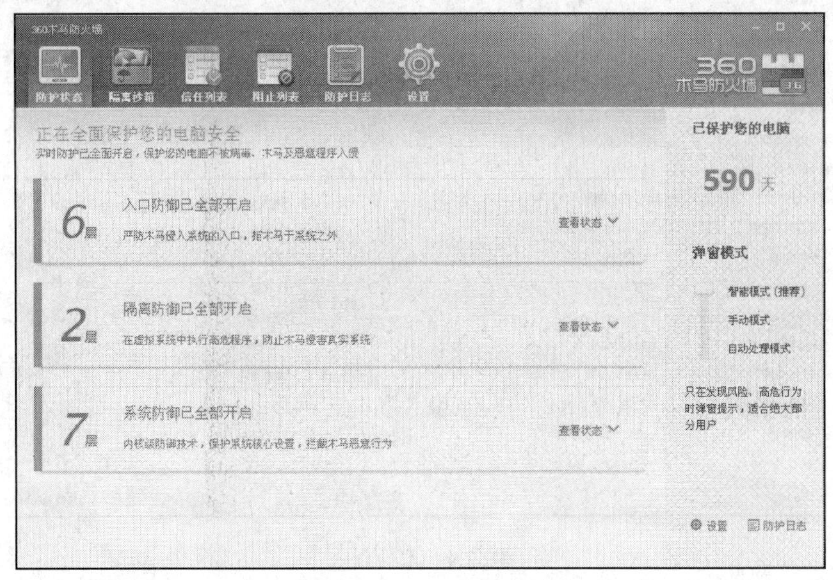

图2.2.2　木马防火墙界面

第三步：如果某些应用程序不需要扫描和拦截，可以在“信任列表”（图 2.2.3）中，将其手动添加进去。

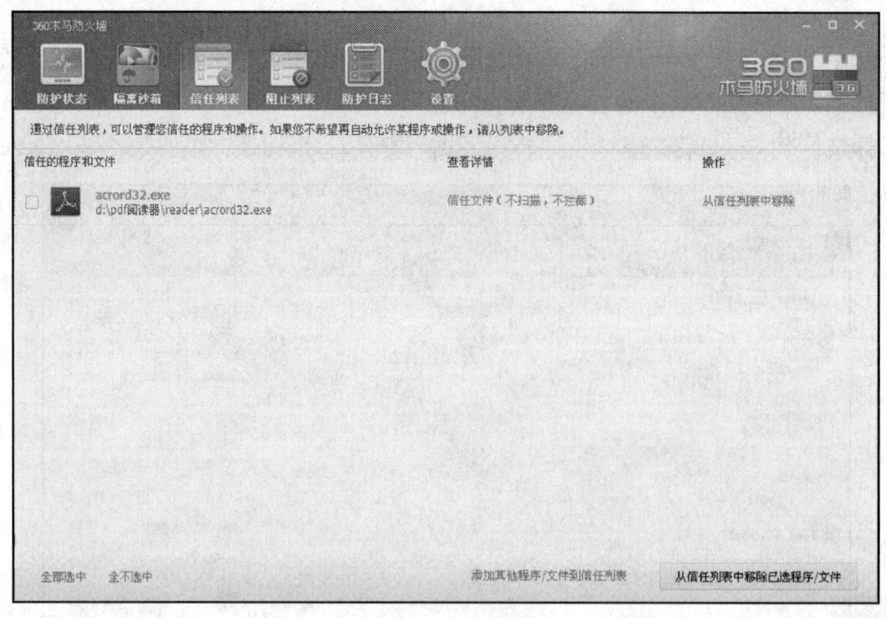

图2.2.3 信任列表

如果用户不希望某些应用程序使用网络或进行网络活动，可以把它手动添加到“阻止列表”中。

第四步：体验“木马查杀”（图 2.2.4）功能。360 安全卫士采用了双引擎查杀。

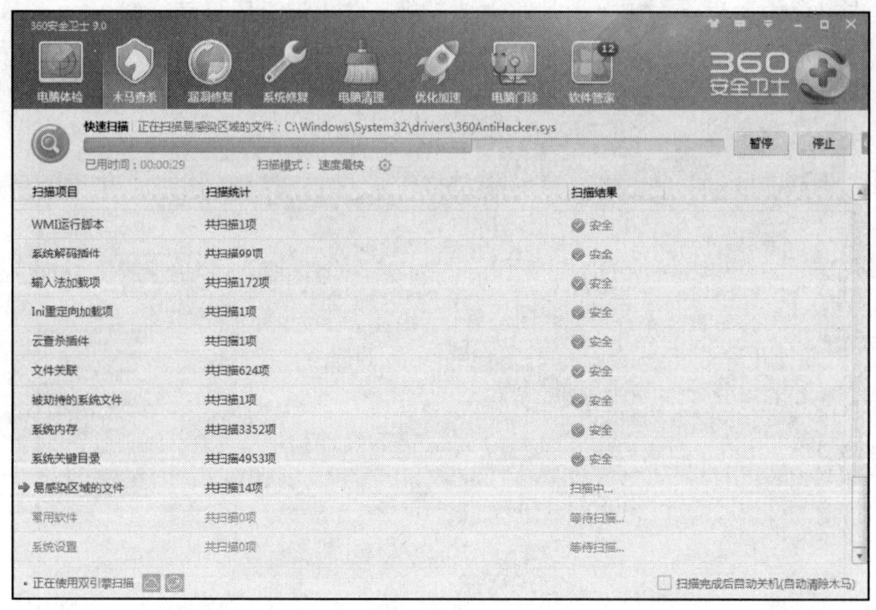

图2.2.4 木马查杀

360 云查杀引擎：查杀最新的木马病毒。

360 启发式引擎：查杀未知木马病毒。

第五步：操作系统自身的漏洞是木马潜入系统的主要渠道，“漏洞修复”功能（图 2.2.5）可以有效解决漏洞问题，降低中木马的风险。

图2.2.5　漏洞修复

第六步：操作系统常常会被一些恶意程序篡改，让系统很不稳定。“系统修复”功能（图 2.2.6）可以对系统进行扫描，并解决恶意程序问题。

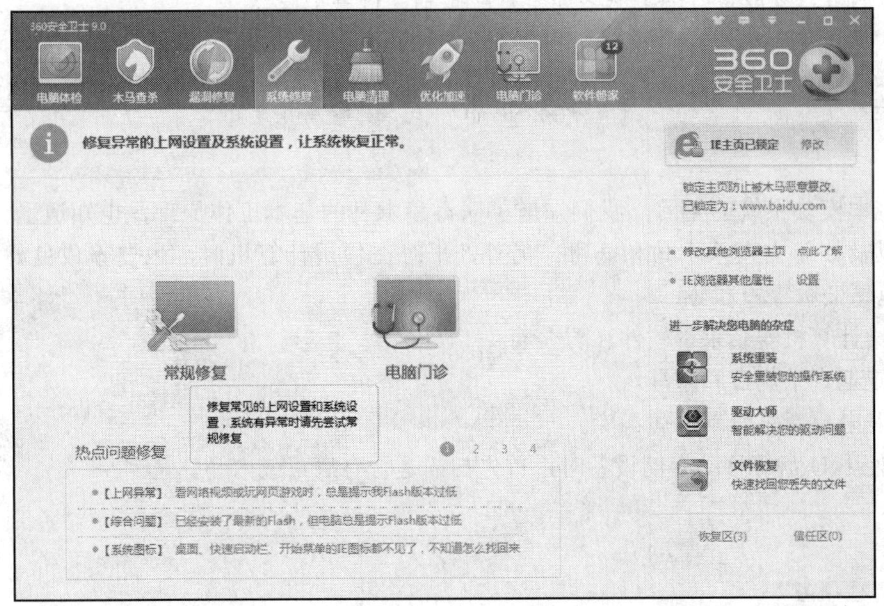

图2.2.6　系统修复

软件的功能很全面，还包含有计算机清理、优化加速、软件管家等功能，因为在前面章节已经介绍了，这里就不再赘述。另外在“功能大全”（图 2.2.7）里还有许多实用功能，可以选择性安装。

图2.2.7 功能大全

平时注意及时给系统安装升级补丁，按时更新木马和杀毒软件的病毒库，定期清理系统和查杀病毒，养成良好的上网习惯，则能做到“百毒不侵”。

小 结

通过本模块系统的学习，我们知道了病毒和木马的基本工作原理，也知道了该如何去预防，以及如何去查杀木马和病毒。另外，平时在使用计算机时，也要养成良好的习惯，尽量避免感染病毒和木马。

1）给计算机安装杀毒软件和防火墙。

2）定期查杀病毒和木马。

3）及时更新杀毒软件病毒库。

4）使用 U 盘等移动存储设备时，首先扫描是否有病毒或木马。

模块三　图形图像工具

项目一　图 像 处 理

案例导入

小刘喜欢追赶潮流，平时也爱玩微博，也经常看到别人把自拍的照片或出去旅游的图片贴出来，觉得非常好看。有的经过了艺术的加工，效果十分精美，这让小刘十分羡慕，如果自己也能处理照片就好了，可惜自己又不是专业出身，这让他非常沮丧。

▩ 分析

我们经常会浏览非常精美的广告图片。这些平面广告大多是用专业的平面软件设计或处理出来的，需要深厚的美术功底和丰富的实践经验。但是不用灰心，现在互联网上有很多这类软件，虽不及专业级的水准，但处理的图片效果也非常好，适合非专业人士使用。这类软件的特点，就是“傻瓜化”，操作简单易上手，就算是没有任何平面处理基础，也能做出艺术感十足的图片，下面我们将介绍一款这样的软件。但是在学习之前，我们先来了解一下图形图像知识。

（1）认识计算机图形图像

计算机中的图形是指由外部轮廓线条构成的矢量图。而图像是由像素点阵构成的位图。图形占用存储空间小，在计算机屏幕上生成视图需要复杂的计算过程。图像则相反，占用存储空间大，但是在屏幕上显示时计算过程简单。另一方面，图形对于自然景物描述困难，而图像却是表现自然景色的主要工具。

图像由多个不同颜色的点组成，可以在不同的软件之间转换，主要用于保存各种照片。图像的缺点是文件尺寸太大，且和分辨率有关。因此，当图像的尺寸放大到一定程度后，会出现锯齿现象，图像将变得模糊。

图形利用几何特性的数学模型进行描述经过计算产生，与分辨率无关，将图形放大到任意程度都不会失真。

（2）像素

像素（pixel）是位图图像中最小的显示单位。pixel是由picture（图像）和element（元素）这两个单词所组成的，是用来计算数码影像的一种单位，如同摄影的照片一样，数码影像也具有连续性的浓淡色阶，若把影像放大数倍，会发现这些连续色调其实是由许多色彩相近的小方点所组成的，这些小方点就是构成影像的最小单位——像素。这种最小的图形单元能在屏幕上成单个的染色点。越高位的像素，其拥有的色彩也就越丰富，越能表达颜色的真实感。

（3）分辨率

分辨率是指单位长度内所含像素点的数量，单位为“像素每英寸”（pixel/inch，PPI）。分辨率对处理数码图像非常重要，与图像处理有关的分辨率有图像分辨率、打印机或屏幕分辨率等。

（4）图像分辨率

图像分辨率（image resolution）表示图像上两个像素点之间的最小距离，即每平方英寸中包含像素的数目，通常用PPI（pixels per inch）表示，或用横向和纵向上的像素数目乘积来表示，如1024×768。一幅图像的分辨率越高，图像显示品质越好，文件越大。

表示图像分辨率的方法有很多种，这主要取决于不同的用途。在建筑效果图中，图像的分辨率以PPI来度量，它和图像的宽、高尺寸一起决定了图像文件的大小及图像品质。例如，一幅图像宽8英寸、高6英寸，分辨率为100PPI，如果保持图像文件的大小不变，也就是总的像素数不变，将分辨率降为50PPI，在宽高比不变的情况下，图像的宽将变为16英寸、高将变为12英寸。打印输出变化前后的这两幅图，后者的幅面将是前者的4倍，而且图像品质会下降许多。那么，把这两幅前后变化的图送入计算机显示器会出现什么现象呢？例如，将它们送入显示模式为800×600的显示器显示，这两幅图的画面尺寸将会是一样的，画面品质也没有明显的不同。对于计算机的显示系统来说，一幅图像的PPI值是没有意义的，起作用的是这幅图像所包含的总的像素数，也就是前面所讲的另一种分辨率表示方法：水平方向的像素数×垂直方向的像素数。这种分辨率表示方法同时也表示了图像显示时的宽高尺寸。前面所讲的PPI值变化前后的两幅图，它们总的像素数都是800×600，因此在显示时是分辨率相同、幅面相同的两幅图像。

（5）显示分辨率

显示分辨率（display resolution）是指在某一种显示模式下计算机屏幕上最大的显示区域，以水平和垂直的像素来表示，也即屏幕上显示的点数，如640×480，表示水平线有680个像素，垂直线上有480个像素；整个屏幕上共有640×480＝307 200个像素，即常见的30万像素；

在计算机显示器的性能指标中，最大显示分辨率是衡量显示系统硬件性能优劣的主要技术指标之一。

显示分辨率也指显示器上能够显示出的像素数目。计算机用点距来衡量显示器的分辨率。点距越小，分辨率越高。分辨率是保证彩色显示器清晰度的重要前提。显示器的点距是高分辨率的基础之一，大屏幕彩色显示器的点距一般为0.28，0.26，0.25。高分辨率的另一方面是指显示器在水平和垂直显示方面能够达到的最大像素点，一般有320×240，640×480，1024×768，1280×1024等，好的大屏幕彩色显示器通常能够达到1600×1280的分辨率。较高的分辨率不仅意味着较高的清晰度，也意味着在同样的显示区域内能够显示更多的内容，如在640×480分辨率下只能显示一张网页的内容，在1600×1280分辨率下则能够同时显示两张网页。

（6）图形图像文件格式

不同格式的图形图像文件，用途不同，文件大小也会不同，有的适用于印刷输出，有的适用于网页，一些格式是某个图形图像处理软件所特有的格式，而另一些格式是多个图形图像软件都兼容的格式。掌握常用的图形图像文件格式，有利于提高工作效率，减少重复劳动，节省硬件资源。利用格式转换功能可以达到查漏补缺、取长补短的功能。

TIFF格式：文件扩展名是.tif，这是桌面印刷出版应用的所谓理想格式。PageMaker等排版软件采用此格式。TIFF格式可以支持无损的压缩方案，即压缩时不影响图像像素。

JPEG格式：主要用于在网上发布图片，JPEG图像文件夹扩展名为.jpg。这是一种压缩格式的图像，没有原图质量好，打印输出时最好不采用此格式。

GIF格式：其图像文件扩展名是.gif，这种格式的图像文件大多用于网上传输，速度快。GIF格式的图像文件体积小，常见在网络上用于缩略图的显示。此外，为了制作透明的图像，可考虑使用GIF图像文件。

PNG格式：其图像文件的扩展名.png，也是一种透明图像，是最佳最新的网上图像格式，它既有很好的压缩比，又支持24位图像，产生的透明背景没有锯齿边缘，缺点是早期版本Web浏览器可能不支持PNG图像。

BMP格式：这是Windows系统环境下的标准文件格式，用Windows画图程序可编辑此格式的图像文件，文件扩展名是.bmp。图像色彩特别丰富。

PDF格式：PDF图像文件的扩展名是.pdf，该文件是Adobe公司开发的，基于PostScript语言的跨平台、跨应用程序的图形文件格式，可包含多页、支持超链接的电子文档，能精确地显示文字、页面版式、矢量图形和位图图像，一般的PDF文件是由Adobe公司的PDF Writer或Acrobat软件创建，专为网上出版使用，便于制作电子阅读物。

CDR格式：这是著名的矢量绘图软件CorelDRAW的专用图形文件格式，文件扩展名是.cdr。由于CorelDRAW是矢量图形绘制软件，所以CDR可以记录文件的属性、位置和分页等。CDR文件格式的兼容性比较差，只有CorelDRAW应用程序能够打开。但CorelDRAW可导入图片格式的建筑效果图来做进一步的编辑处理。

PSD格式：是图形图像软件PhotoShop新建图像的默认文件格式。PSD是PhotoShop专用文件格式，是唯一支持所有可用图像模式的格式。由于能够保存图像数据的每一个细小部分，不会造成任何数据的丢失，所以在处理图片时，编辑图像时应尽量使用这种格式。但缺点是文件容量大，无兼容性。所以在编辑完成后，应转换保存成其他格式的文件，如JPEG、BMP图像文件。

图像处理软件：美图秀秀

1. 软件介绍

美图秀秀是一款功能强大的免费图片处理软件，操作简单方便。独有的图片特效、美容、拼图、场景、边框、饰品等功能，加上每天更新的精选素材，可以让用户在短时间内做出影楼级效果照片，还能一键分享到新浪微博、人人网。继 PC 版之后，美图秀秀又推出了 iPhone 版、Android 版、iPad 版及网页版，目前美图秀秀在各大软件站的美化图片类下载排行中高居榜首，同时在 App Store、Android 电子市场摄影类长期位居第一。

2. 功能亮点

1）图片裁剪、旋转、锐化等基本操作。

2）快速调节图片饱和度、亮度、对比度。

3）独有 LOMO、影楼特效，迅速做出影楼级效果照片。

4）各种简单边框、炫彩边框，让图片更精彩。

5）文字编辑功能，可添加文字、可爱会话气泡。

6）模板拼图、自由拼图、图片拼接，三大拼图模式，可一键发送多张图片至各社交网站。

3. 软件体验

本教程收集整理自网络。

（1）磨皮祛痘

夏天气温高，偏油性皮肤的人油脂分泌会更加旺盛，再加上难抵火锅、龙虾这些辛辣美食的诱惑，很容易被痘痘缠住。脸上的痘痘会影响自拍照的效果。其实想要收获完美自拍，利用“美图秀秀”磨皮祛痘功能即可。

第一步：打开软件，切换“美容”选项卡，在“美肤”列表中选择“祛痘祛斑”，打开素材图片（图 3.1.1）。

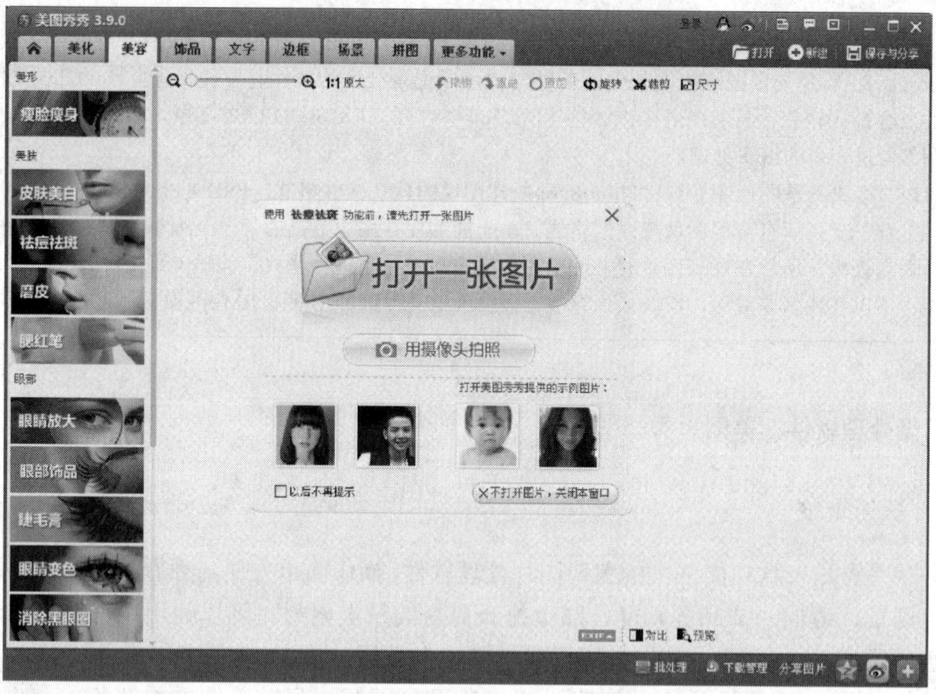

图3.1.1 打开图片

第二步：在打开的页面 (图 3.1.2) 中调整祛痘笔大小，点击脸上的痘痘，完成后单击“应用”按钮。

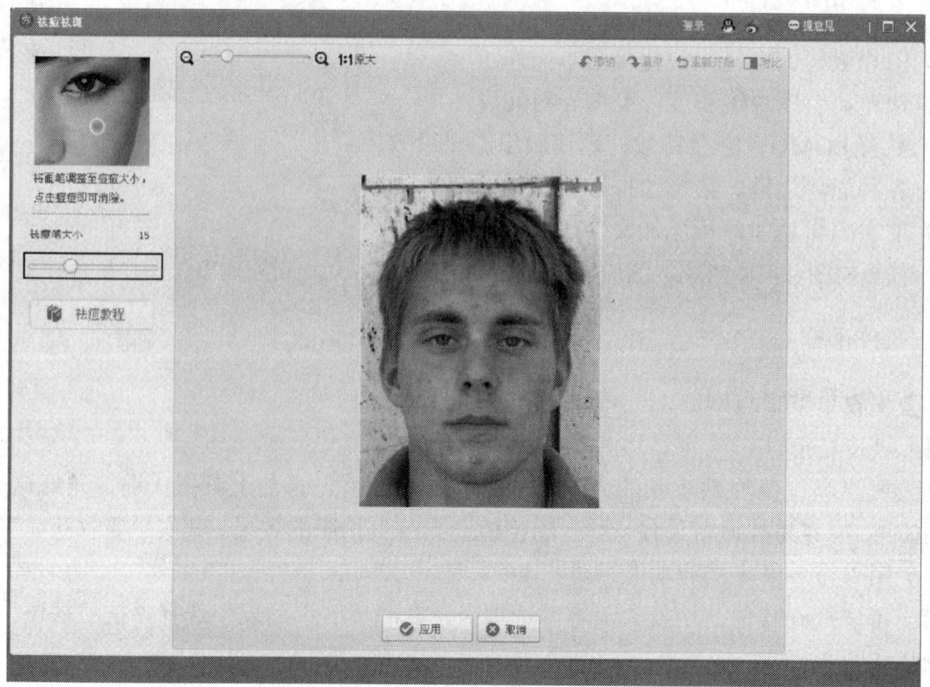

图3.1.2 调整祛痘笔大小

第三步：在“美容”选项卡中，选择磨皮—整体磨皮—智能磨皮，调整滑块至“轻度”（图 3.1.3），单击“应用”按钮。

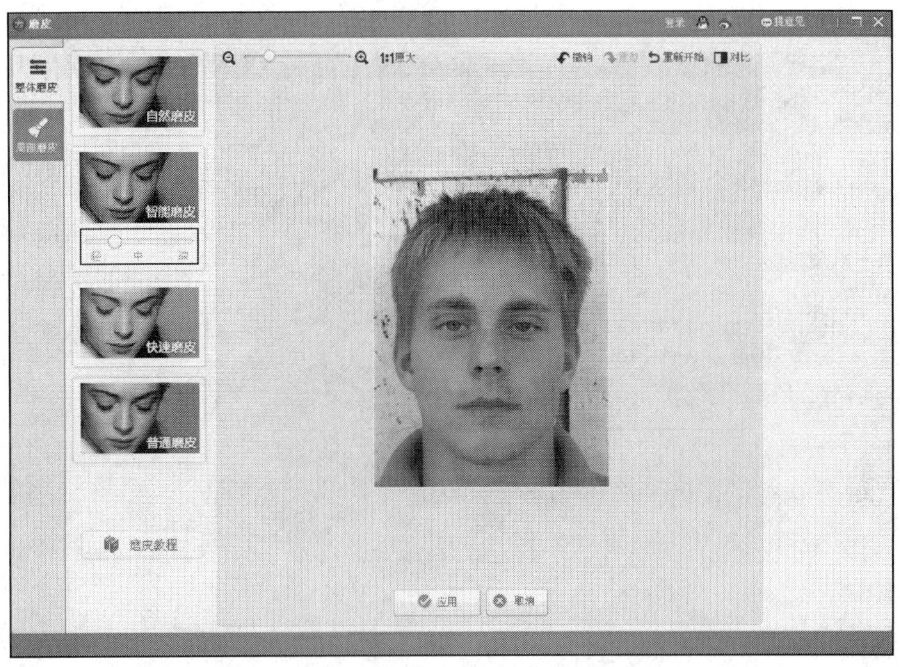

图3.1.3　智能磨皮

第四步：选择磨皮—整体磨皮—自然磨皮，调整滑块至“中度”（图 3.1.4）。

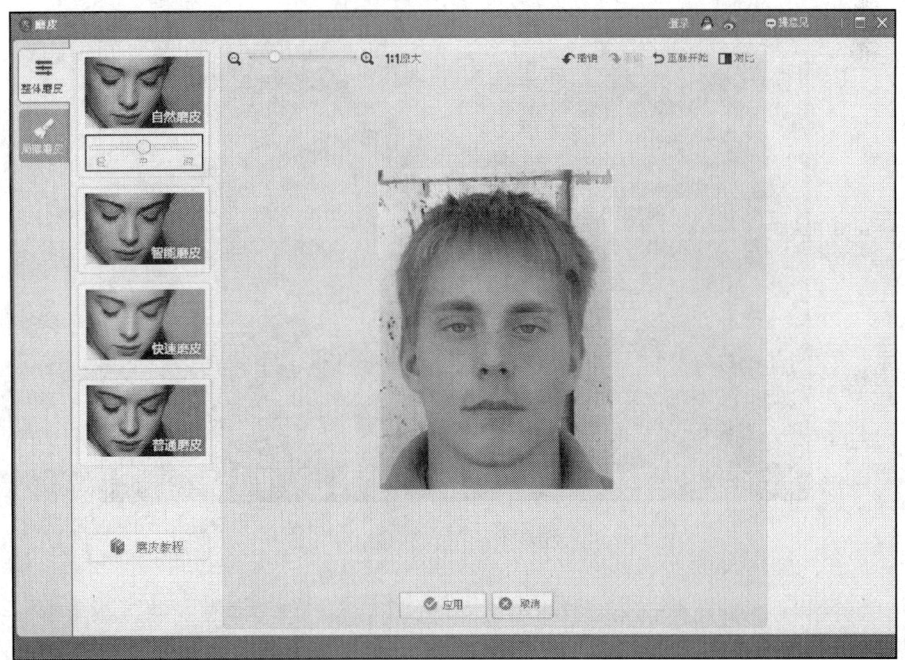

图3.1.4　自然磨皮

第五步：选择美容—眼部—消除黑眼圈，单击取色笔，选择下巴附近相对比较白的地方，涂抹比较红的地方，消除掉比较红的痘印（图 3.1.5）。接着用同样的方法消除掉右脸颊痘印比较明显的地方，最后单击“应用”按钮，前后的效果对比如图 3.1.6 所示。

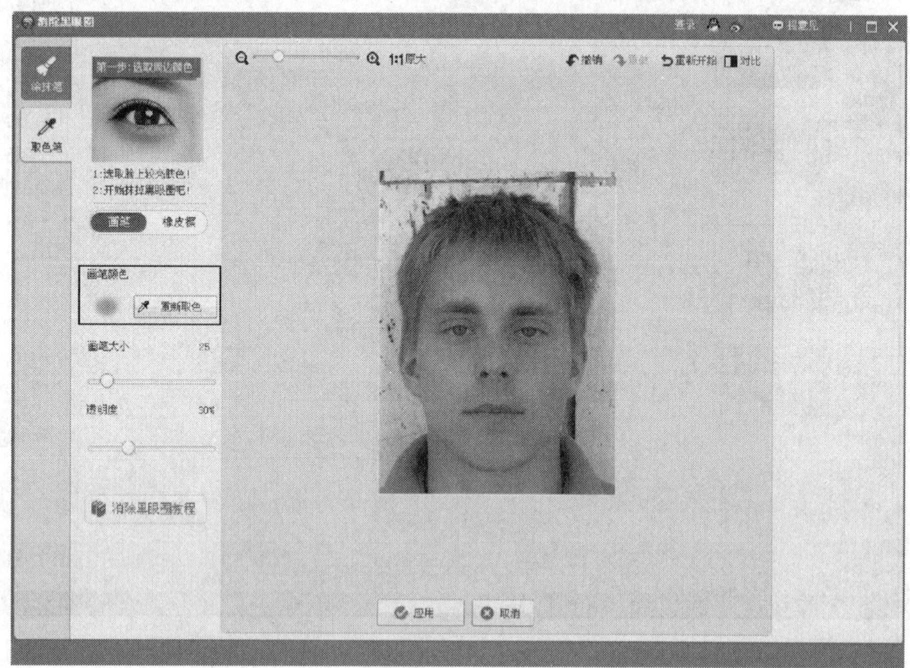

图3.1.5 取色

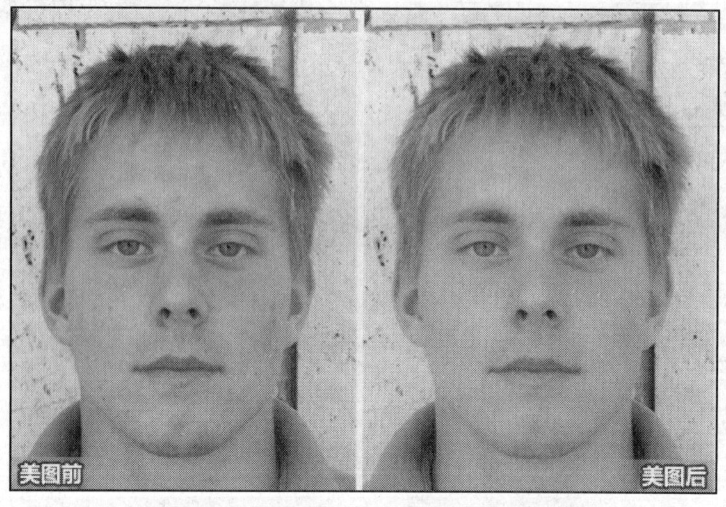

图3.1.6 效果对比

（2）瘦脸瘦身

想让自己的照片看起来更苗条一点？没问题，让美图秀秀来帮你解决。

第一步：打开图片，选择美容—瘦脸瘦身（图 3.1.7），进入“瘦脸瘦身”页面（图 3.1.8）。

图3.1.7　打开图片

第二步：在左上角选择“局部瘦身”，修改“瘦身笔”至合适大小，然后在需要瘦身的部位用鼠标进行拉动（图 3.1.8），完成后单击“应用”按钮。对比效果如图 3.1.9 所示。

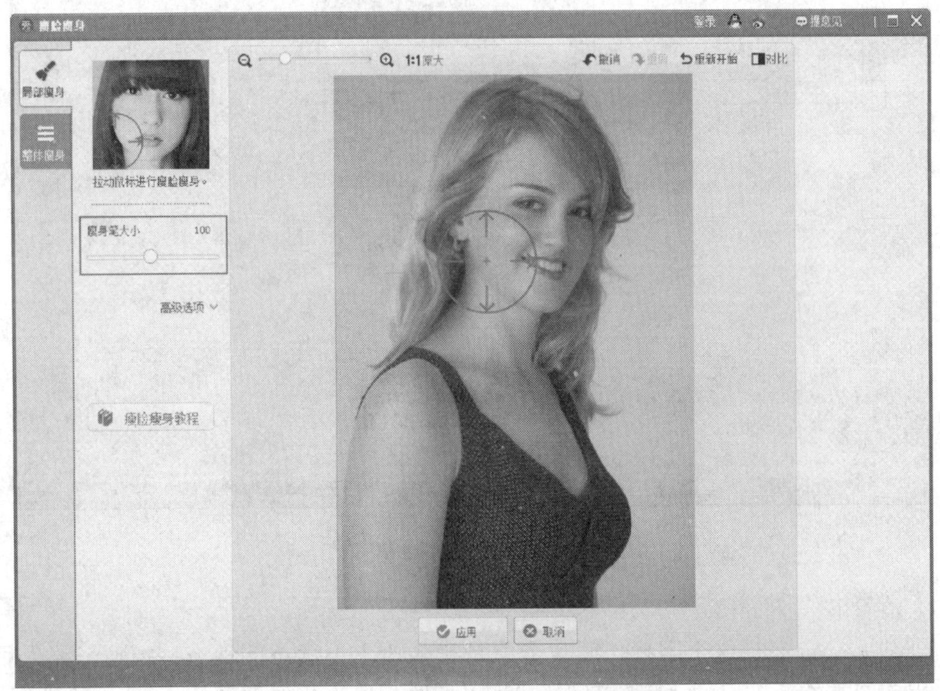

图3.1.8　拉动鼠标局部瘦身

图3.1.9 效果对比

第三步：如果要整体瘦身，则单击左上角“整体瘦身”，并拖动“瘦身程度”滑块至合适大小，进行整体瘦身，如图 3.1.10 所示。

图3.1.10 整体瘦身

（3）消除笔

大部分人一定都有这个困扰，照片上总是有些让人不满意的地方：痘痘、路人甲、杂物……用美图秀秀新推出的“消除笔”，就可以把照片里不想要的抹掉。

第一步：打开图片，单击“消除笔”按钮（图 3.1.11）。

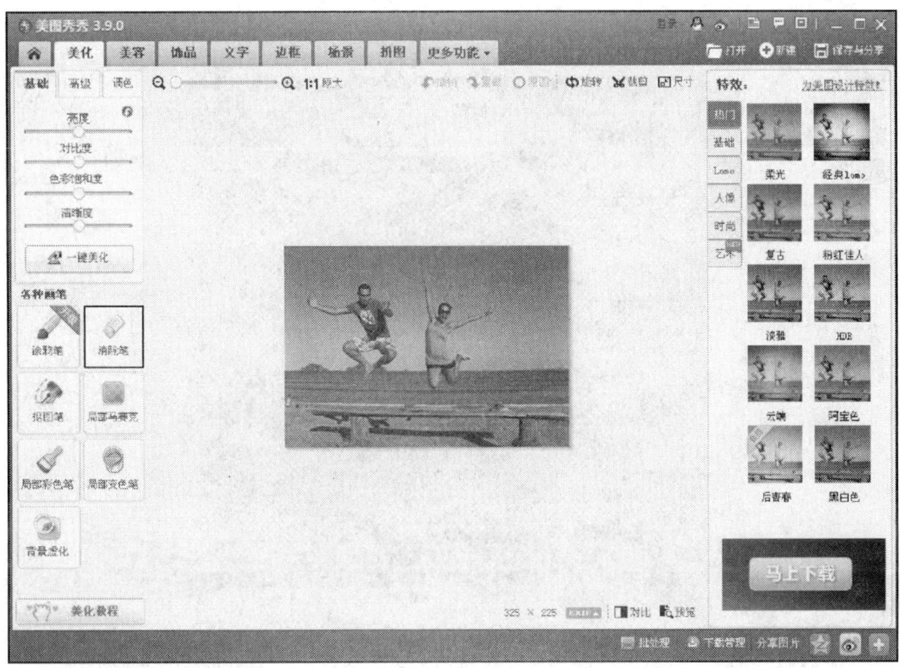

图3.1.11 打开图片

第二步：适当放大图片，用画笔涂抹遮盖需要消除的物体，涂抹时注意尽量不要超出该物体的范围，涂抹完成后单击“应用”按钮（图 3.1.12）。

第三步：再次放大图片或适当缩小画笔继续涂抹以达到最佳效果（图 3.1.13）。

图3.1.12 涂抹

图3.1.13 放大图片

第四步：涂抹完后，仔细察看一下，有没有未涂抹到的地方，完成消除笔操作，如图 3.1.14 所示。

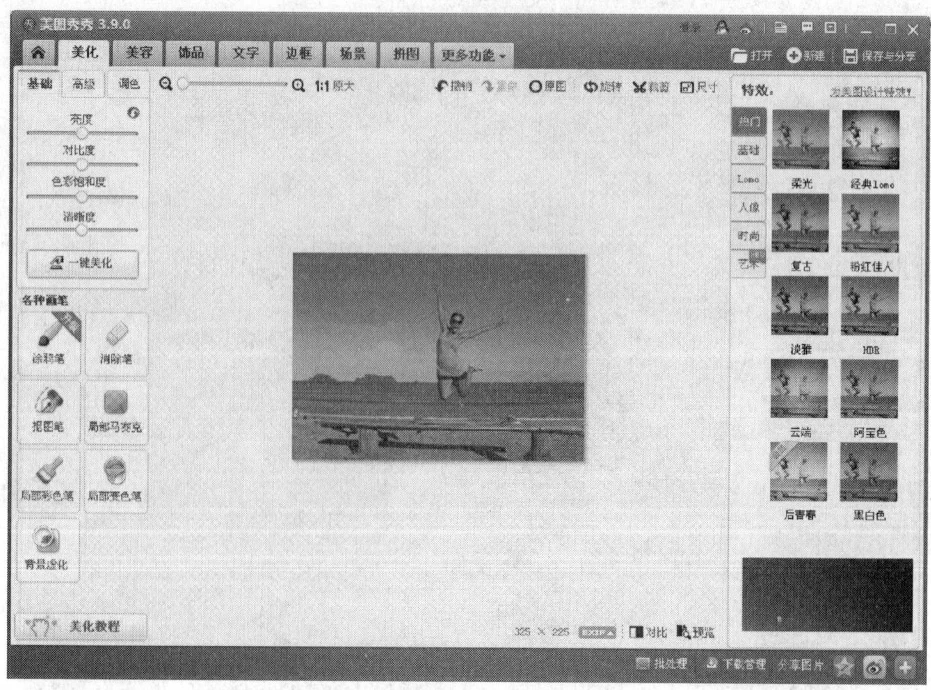

图3.1.14 完成

其效果对比如图 3.1.15 所示。

图3.1.15　效果对比

（4）皮肤美白

日常生活中很多人都会拿起相机或者手机自拍，但是即便用了高像素的相机，或者注意了拍摄的技巧，还是有些问题难以顾及，如因为光线不足而导致的皮肤黯淡，下面看看美图秀秀的皮肤美白功能。

第一步：在“美图秀秀”软件中，打开待处理的一张照片，选择美容—皮肤美白—整体美白，在整体美白界面中选择合适的力度，适当调整肤色（图 3.1.16），完成后单击“应用”按钮。

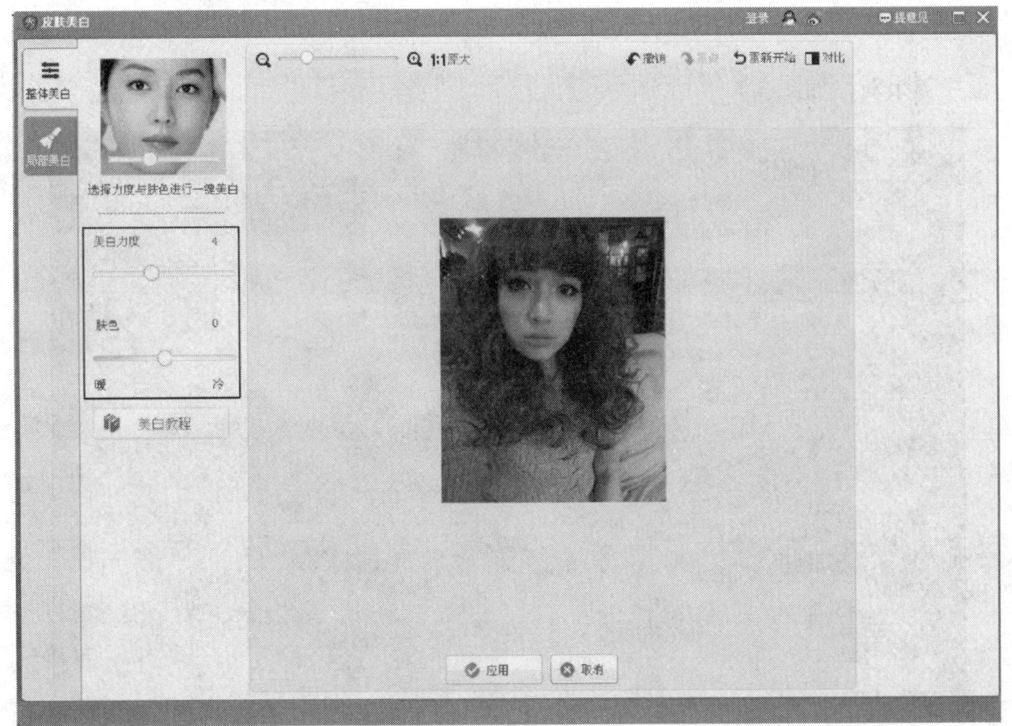

图3.1.16　整体美白

第二步：选择“局部美白”，调整合适的画笔大小和肤色，然后涂抹需要美白的部位，完成后单击“应用”按钮，如图 3.1.17 所示。

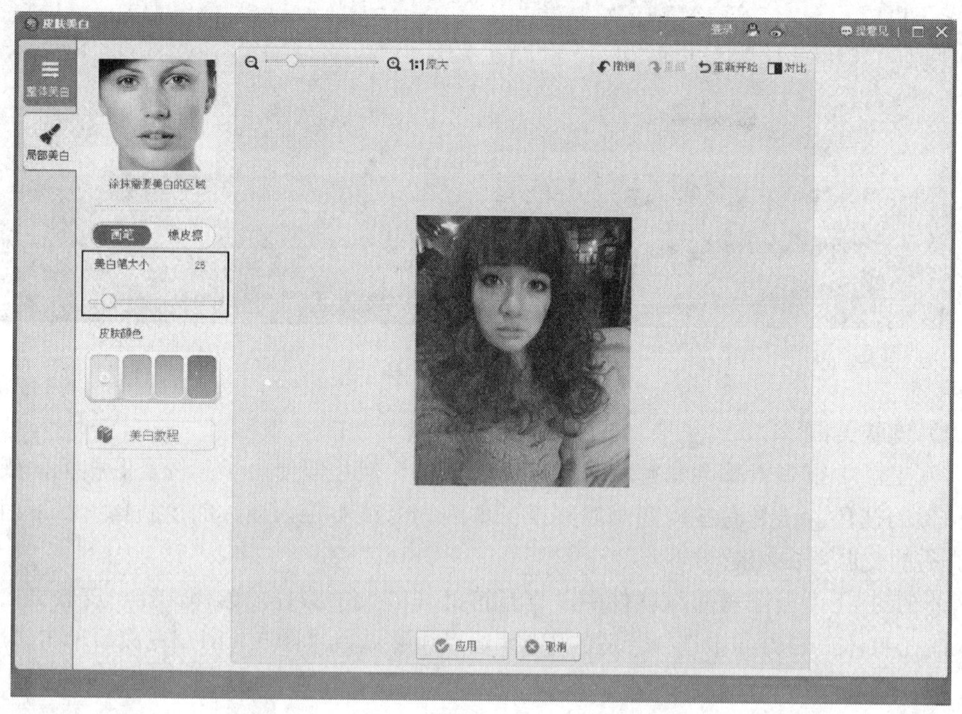

图3.1.17 局部美白

最终效果对比如图 3.1.18 所示。

图3.1.18 效果对比

（5）消除黑眼圈

美图秀秀的消除黑眼圈功能，能让眼睛神采奕奕，先看看对比效果（图 3.1.19）。

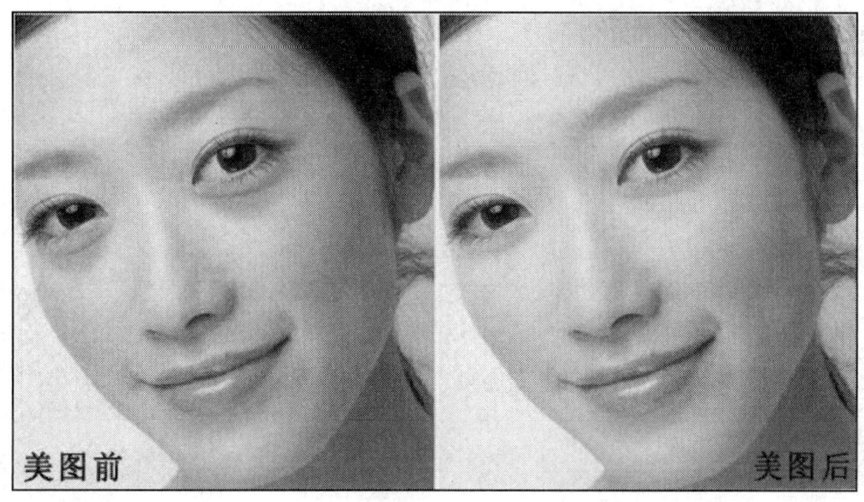

图3.1.19 效果对比

第一步：打开图片后，选择美容—消除黑眼圈—取色笔，选取脸上较亮的肤色，如图 3.1.20 所示。

图3.1.20 取色

第二步：选择“涂抹笔”，设置画笔大小和力度，然后涂抹覆盖黑眼圈处，完成后单击“应用”按钮即可，如图 3.1.21 所示。

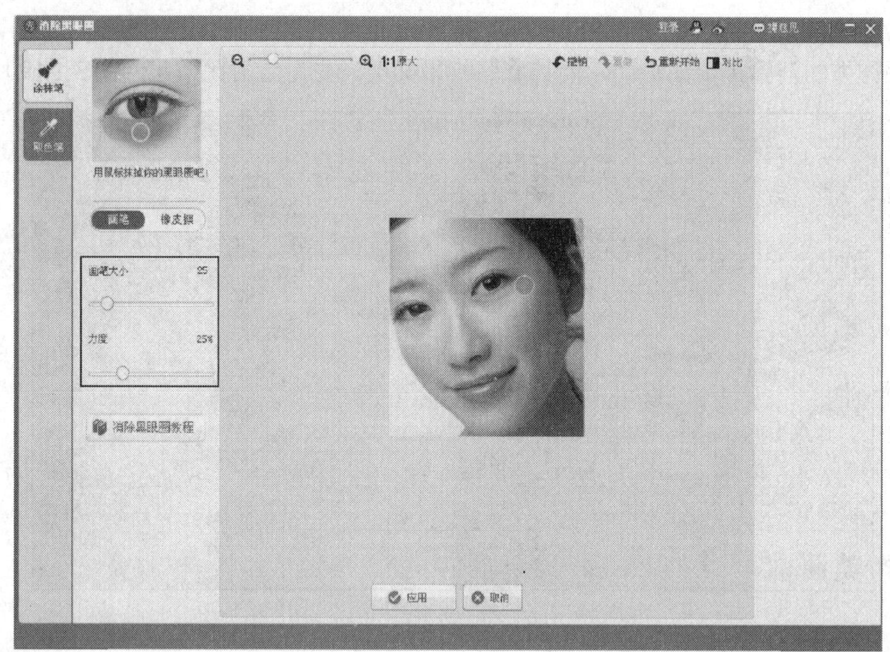

图3.1.21 涂抹

如果脸上还有黑痣痘痕等小瑕疵也可以在“消除黑眼圈”里进行处理。

（6）文字边框

一张精心制作的图片用作 QQ 空间、人人网的相册封面，会为我们带来更多的关注。美图秀秀推出的“文字边框”功能，非常适合制作相册封面，唯美的边框加之文字签名的配合，使照片不再单调。现在就来看一下效果图（图 3.1.22）。

图3.1.22 效果对比

第一步：打开照片，切换到“美化”选项卡，调整图片。适当调高亮度、对比度及色彩饱和度。使用透明度为 50% 的“粉红佳人”特效，让照片色调鲜亮起来（图 3.1.23）。

图3.1.23　调整照片

第二步：单击“裁剪”按钮。拖动矩形选框，裁剪掉照片多余的部分，如图 3.1.24 所示。

图3.1.24　裁剪照片多余部分

第三步：选择边框－文字边框。在右侧选择添加边框素材。在左侧输入个性签名和日期，可选择适合的字体及颜色，完成后单击“确定”按钮（图 3.1.25）。

图3.1.25 选择边框

第四步：选择文字—文字模板，在左侧选择合适的模板类型，在右侧选择喜欢的文字素材（图 3.1.26）。

图3.1.26 添加文字

美图秀秀不仅可以为我们的照片添加心情签名，对照片进行简单大方的装饰。大家还可以充分发挥想象，利用文字边框制作出 CD 封面般精致时尚的图片。

（7）日历场景

想要用自己的照片自制一套专属的日历吗？美图秀秀轻松搞定，大家看效果图（图 3.1.27）。

图3.1.27　效果图

第一步：打开图片，选择场景—静态场景—日历场景（图 3.1.28）。

图3.1.28　选择日历场景

第二步：在“在线素材”中选择月份数字，在“场景调整”菜单中微调照片大小与位置（图 3.1.29）。

第三步：如果场景需要多张图片，依次双击剩余图片框，替换所需要的照片，并调整照片大小与位置，最后单击“确定”按钮，日历图片就制作成功了（图 3.1.30）。

在静态场景在线素材库中，包含很多好看好玩的特色场景，大家可以根据自己的需求进行选择，制作出非常好看的图片。

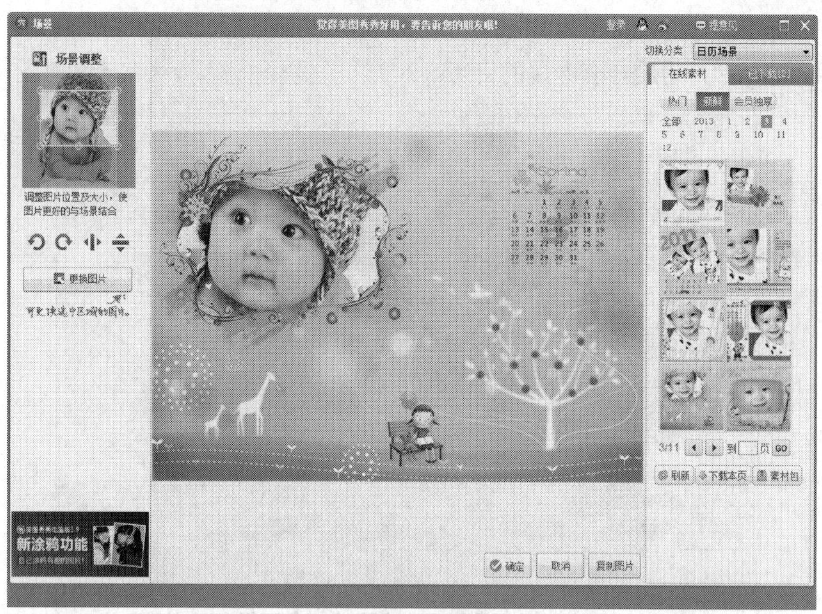

图3.1.29 选择月份数字

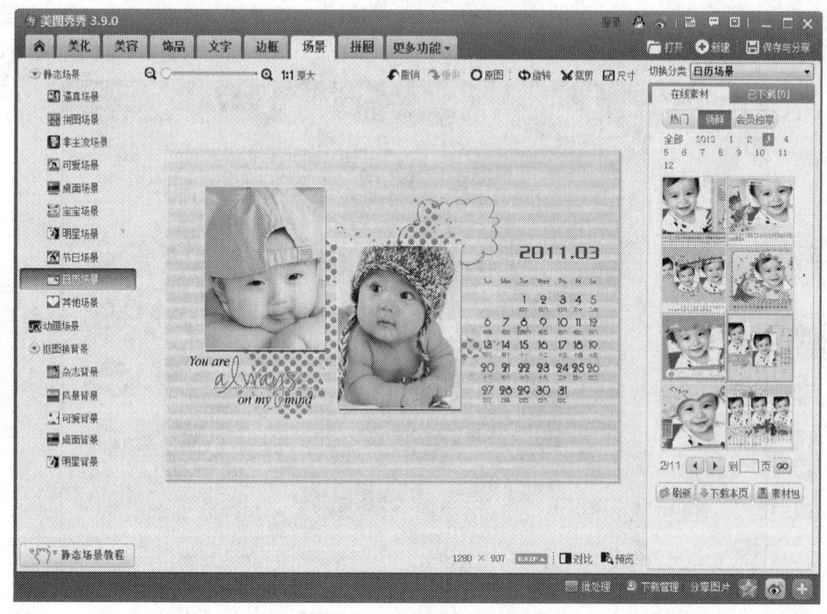

图3.1.30 多张图片的日历

小 结

美图秀秀是一款很好用的免费图片处理软件，不需要专业知识就能制作出较专业的图片效果，深受大家喜欢。其中的素材每天都在更新，给用户提供了很大的便利，另外在美图秀秀官网上也有很多实用的图文和视频教程，供大家学习。希望大家把软件下载下来，多用多练，人人都能做出很好看的图片。

项目二 电子相册

案例导入

小刘想把出去旅游拍摄的相片做成动态的电子相册，以供长期保存和留念。但是面对众多的电子相册软件，小刘又不知道该选哪个好。

分析

电子相册制作软件哪个好？这个问题是很多摄影爱好者和家庭相册制作爱好者关注的话题。说到哪个电子相册制作软件最好，最重要的判断标准，其实并不是功能如何繁多，而是操作的人性化和效果的精美度，因为制作的相册最终是发送给朋友们观赏的，如果不具观赏价值，整个制作也就徒劳。如果软件界面太“山寨”，制作的相册也就“山寨”了，这样的电子相册制作软件也就鸡肋了。今天要向大家介绍的，就是符合本文所说的操作人性化和效果精美的电子相册制作软件——数码大师，它是国内首个综合电子相册制作软件，下面就来一一体验它人性化而精美的制作相册方式。

电子相册软件：数码大师

1. 软件介绍

数码大师是国内发展最久、功能最强大的优秀多媒体电子相册制作软件，让用户轻松体验各种专业数码动态效果的制作乐趣。

数码大师是数码相片后期制作的最好工具，是数码相机延伸应用的最佳伴侣。应用世界顶尖多媒体技术，结合真正强大的多媒体数字相册制作功能及全新人性化设计理念，让用户轻松制作各种专业多媒体效果，立即实现家庭数码相册、礼品包电子相册、VCD/SVCD/DVD 视频相册、网页相册、全新概念的跨界锁屏相册等创新功能。一切都可以让用户在轻松点击之中制作大师级别的专业数码动态效果并通过各种方式共享。

梦幻科技独创的 DUI 界面设计技术，让操作更加人性化，程序执行效率更高，资源利用更加合理；集成众多精选的 200 多种相片切换效果，一跃成为拥有最多相片特效的电子相册制作软件；支持目前几乎所有的近 20 种图像文件格式的高质量优化显示方式；支持独具特色的各种文字特效技术；采用业界顶尖的 MPEG 高效编码器和强大的音视频编解码引擎。

2. 软件荣誉

1）中国共享软件杰出贡献奖（共享软件殿堂级资深奖项）。

2）连续九年荣获“中国优秀共享软件奖”（国内电子相册制作软件第一品牌，最专注、最资深）。

3）百度单独授予最新“新锐软件大奖”荣誉奖项（多媒体行业内唯一）。

4）在相关最具权威、专业性的评比中，新版喜获最新电子相册制作软件评测第一名。

5）梦幻科技被一并授予“最佳服务奖”，对其服务质量再次给予最大的肯定。

3. 软件功能

（1）家庭本机数码相册制作

“本机相册”可轻松将您喜欢的图片，数码相机拍出的照片等进行数码变换处理，配上动听的背景音乐、众多专业图像特效、独特的文字特效和丰富的注释功能等，制造出一流专业效果的家庭数码相册。

（2）礼品包相册制作

可以在用户制作好的本机电子相册基础上，通过简单的打包设置，即可自动生成可分发的礼品包相册，可以作为自己收藏分类相片之用，更可以作为礼物方便地分发出去，对方无须安装，即可让亲朋好友和自己一起分享动感的数码礼品。

（3）视频相册导出功能

视频导出功能可以将用户看到的相框内所有情景直接导出为VCD/SVCD甚至是DVD高清晰MPG视频电子相册。让用户轻松制作专业绚丽的VCD/SVCD/DVD数码相册成为可能，让所有拥有VCD/DVD家庭影碟机的亲朋好友都可以更方便地不需计算机即可欣赏用户创作的礼物。

（4）网页数码相册制作

通过打包导出为网页相册，用户可以将漂亮绚丽的数码相集上传到Internet或直接分发网页的形式，让世界各地的人通过上网或直接打开浏览器立即欣赏自己的精彩制作。

（5）多媒体锁屏相册制作

只要在制作好的本机电子相册的基础上简单选择，软件即可自动转变成一个靓丽的多媒体锁屏系统，在用户离开计算机时，不但可以展现您精心创作的精美相册，还可以实时锁定视窗并安全保护用户的系统，实现文字留言、密码保护等各种先进功能，同时又兼具有屏幕保护用途，应用非常广泛，是独创的全新概念型跨界数码相册。

4. 软件体验

第一步：导入相片素材。首先切换到“视频相册”选项卡面板（图3.2.1），在该面板单击“添加相片”按钮，在弹出的对话框中，按住“Shift”键并使用鼠标左键，将相片一次性选中快速导入，导入后，还可通过鼠标左键拖动调整位置。

第二步：配上动人心弦的音乐。一个吸引人的电子相册，声情并茂最佳，在“背景音乐”选项卡面板（图3.2.2），为视频相册配上一首合适的背景音乐，添加音乐后，选中背景音乐，单击“插入歌词”按钮，导入与音乐对应的LRC歌词文件，制作具有MTV效果的精彩视频相册。

图3.2.1　视频相册面板

图3.2.2　背景音乐面板

第三步：设置动感文字特效。绚丽的特效使相册更为动感。数码大师的视频相册具有MTV歌词特效、相片名和注释特效，在“注释”选项卡选择一种注释显示方式，然后单击相片列表下方的“修改名字及注释”按钮，在弹出的对话框中，针对每一张相片设置名字和注释。在“背景音乐及歌词”选项卡面板，单击“MTV 字幕详细设置”，弹出“字幕详细设置”对话框（图 3.2.3），对 MTV 字幕展示进行特效设置。

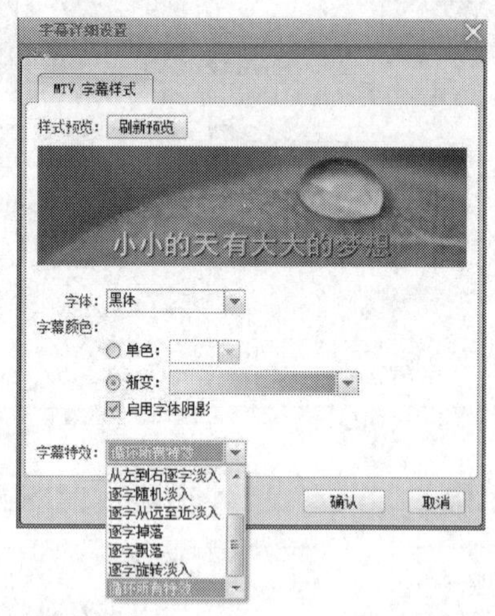

图3.2.3 字幕详细设置

第四步：设置相片转场特效。使相册更为动感绚丽的，还有相片特效，在“相片特效”选项卡面板(图 3.2.4)，可以一一设置自己心怡的相片特效。不进行设置，软件会默认随机特效，还可以单击“应用特效到指定相片”按钮，为相片逐一指定特效，快速和灵活兼而有之。

图3.2.4 相片特效面板

第五步：插入动态视频。除了插入相片作为素材，数码大师的视频相册功能还支持插入动态视频作为相册的片头或在相片间播放。单击“插入视频片头”按钮，弹出“插入视频片头”对话框（图 3.2.5），进行视频片头设置。

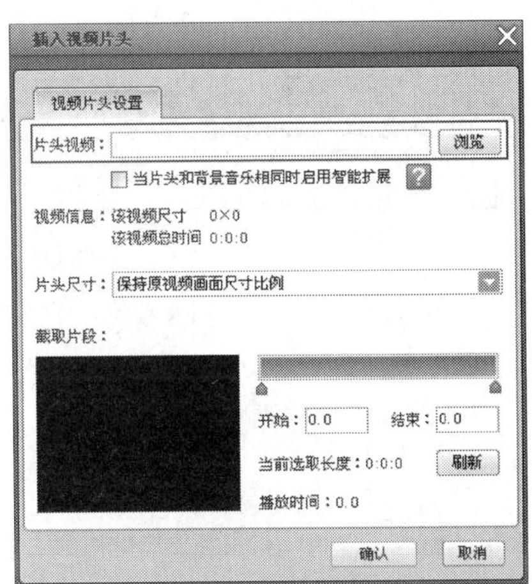

图3.2.5　视频片头设置

第六步：生成视频相册。单击右下角“浏览”按钮，设置视频相册的保存路径，在“输出质量标准”下拉列表中选择输出格式。然后单击“开始生成”按钮，如图 3.2.6 所示。

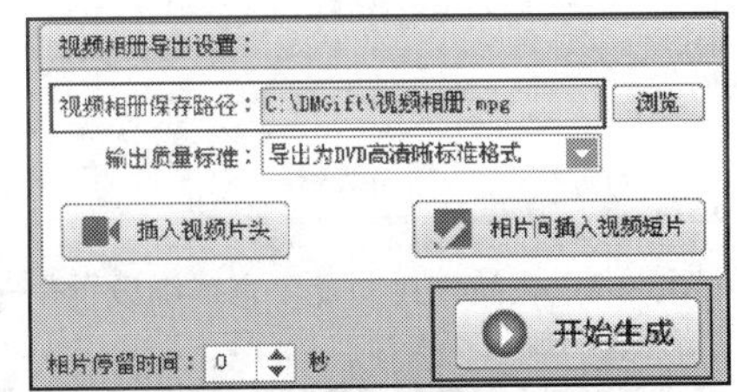

图3.2.6　视频相册导出设置

5. 礼品包相册制作

第一步：切换到“礼品包相册”选项卡面板。数码大师具有五大相册制作功能，包括“本机相册”、“锁屏相册”、“礼品包相册”、“视频相册”、“网页相册”，五大功能可通过面板灵活切换，其中相片导入、相片特效、相片文字等功能参数均可自动同步，也就是说，在一个相册中设置好参数后，用户可以随时切换到其他功能而无须重设参数，原相册功能中的参数也不会消失，这也即是数码大师人性化操作的一个体现之一，更多细节当然需要一一体验。例如，上文提到的“视频相册”设置，按照上文设置后，直接切换到“礼品包相册”选项卡，各项参数就已经同步在该功能了。

第二步：设置滚动文字。礼品包相册具有滚动文字功能，单击“滚动文字与歌词”选项卡即可设置（图 3.2.7）。

图3.2.7　滚动文字与歌词设置

第三步：为礼品包相册打造一个精美的封面。一个好的礼物，当然需要小巧精致，具备一个精致的包装，制作礼品包相册与视频相册不同的是，切换到“礼品包相册”选项卡后，用户只需设置封面、序言即可，具体如图 3.2.8 ～图 3.2.10 所示。

礼品包封面及序言详细设置
基本设置 封面主题 心语传送（序言）
礼品包正标题：
副标题：
正/副标题字符长度请控制在7个汉字内
备注：
备注字符长度请控制在14个汉字内
备注链接：
背景音乐： 浏览
☑ 显示数码大师版权信息
确认 取消

图3.2.8 礼品包封面及序言详细设置——基本设置

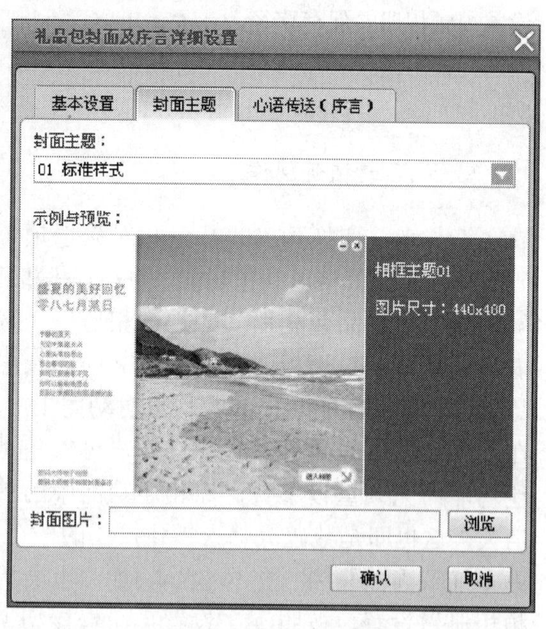

图3.2.9 礼品包封面及序言详细设置——封面主题

礼品包封面及序言详细设置
基本设置 封面主题 心语传送（序言）
心语传送（序言）的文字将在相册封面以滚动方式显示。
每行最多显示13个汉字，多出的将不显示。
内容：（支持快捷键Ctrl+V粘贴）
岁月的童话
从前曾搭着膊在照相，
公园里共你比赛攀树上，
还有什么歌都乱唱，
插着裤袋哨子吹响，
看夕照是如此漂亮，
一切就这样分享。
确认 取消

图3.2.10 礼品包封面及序言详细设置——心语传递（序言）

以上只是数码大师的“视频相册”和“礼品包相册”功能的快速上手介绍，软件更多的人性化功能还需使用中一一体验，值得一提的是，数码大师具有的五大功能，其中，由于参数同步功能，使得用户可以在制作过程中快速切换，切换到新的相册功能选项卡后，只需对该相册的独特功能进行设置，就可以快速导出并欣赏制作的电子相册的效果。

小 结

通过本项目的学习，我们学会了如何通过数码大师把照片快速地制成视频文件，配上音乐，配上文字——让我们在朋友面前炫一把吧。

项目三　屏幕截图

案例导入

小刘在做产品介绍时，经常要截取计算机屏幕上的图像，作为图片插入到文档中提供给客户。小刘虽然知道操作系统中有截屏命令，但使用不方便，效率也不高，不能设置截图的范围和在图片上加标注，有没有更好的办法呢？

■ 分析

屏幕截图是日常计算机生活中必不可少的一个组成部分，所谓有图有真相、一图胜千言，无论是示意说明、保留证据，还是与人“炫耀”，精准简洁美观的截图都非常重要。简单的PrintScreen截屏功能键或者腾讯QQ的按“Ctrl＋Alt＋A”组合键截图虽然能够满足一般需要，但是无法应对屏幕滚动截图等常见情况，如果我们还想进行一些简单的事后加工，那就必须给自己添置一款合适的截图软件。

使用专门的截图软件有如下几个明显的好处：

1）截图精准，专门的屏幕软件可以让用户更加灵活地选择截图对象，相对于作为附带功能的截图工具，得到的结果更加精准，也省去了很多麻烦。

2）标记方便，截图软件附带绘板和标记，可以让截图重点突出，图释明确。

3）图片特效，我们经常见到的图片阴影、白边、撕边、水印等特效都可以在专门的截图软件中非常简单地得以实现。

屏幕截图软件：PicPick

1. 软件介绍

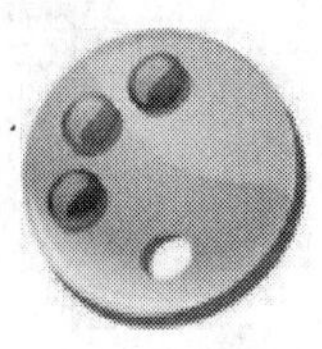

屏幕截图软件 PicPick 具备了截取全屏、活动窗口、指定区域、固定区域、手绘区域功能，支持滚动截屏，屏幕取色，支持双显示器，具备白板、屏幕标尺、直角坐标或极坐标显示与测量，具备强大的图像编辑和标注功能。截图可以保存到剪贴板、自动或手动命名的文件。全面支持 Windows（完全支持 Windows7）。

2. 软件特点

1）多语言支持，超过 28 种语言。

2）所有功能都可在双显示器下使用。

3）友好的用户界面，提供 Windows 7 的 Ribbon 样式。

4）拥有基本的编辑绘图、形状、指示箭头、线条、文本等功能。

5）支持模糊、锐化、色调、对比度、亮度、色彩平衡、像素化、旋转、翻转、边框等效果。

6）支持共享截图至 FTP、Web、E-mail、Facebook、Twitter 等社交网络。

3. 软件体验

第一步：启动软件，进入 PicPick 的主界面（图 3.3.1）。

第二步：根据要截取的对象，选择相应的截图范围，如图 3.3.2 所示。

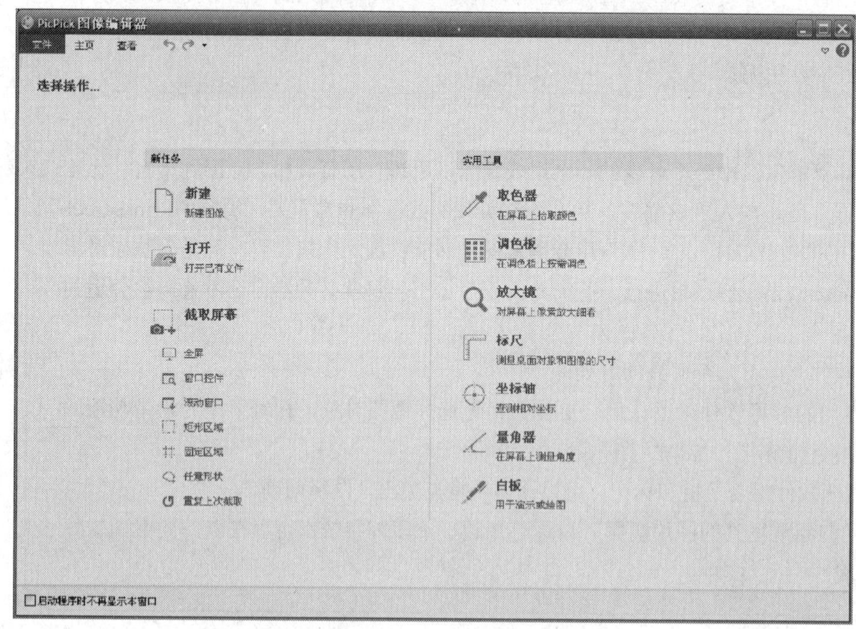

图3.3.1 PicPick主界面

图3.3.2 选择截图范围

第三步：如果截取图像的一部分，单击“矩形区域”按钮，然后在要截图的区域按住左键进行框选，选取完毕后，松开左键，进入到 PicPick 的编辑界面，如图 3.3.3 所示。

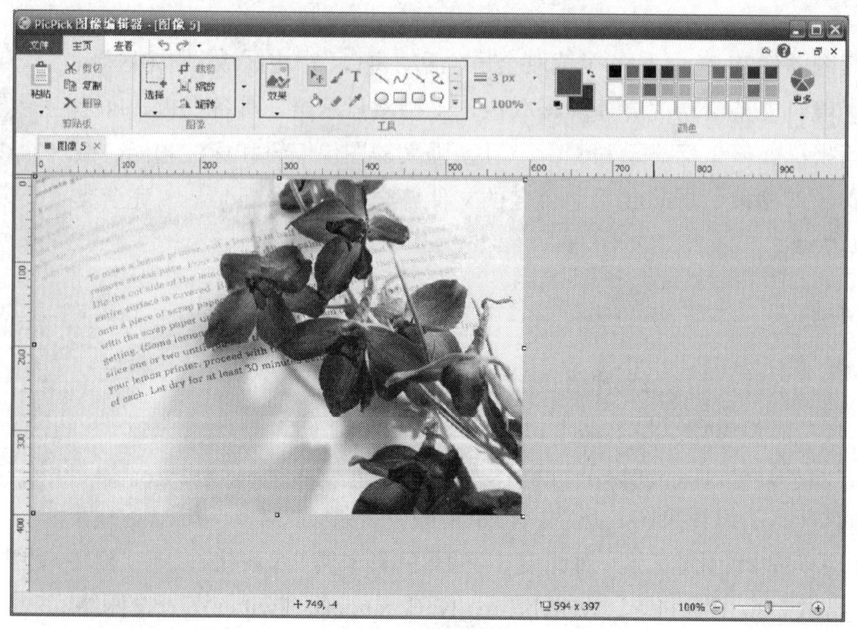

图3.3.3 截取图像

第四步：可以单击“缩放”、“旋转”按钮，进行缩放、旋转图像等操作。还可以单击“效果”按钮，对截图进行编辑美化。下面以给截图添加边框为例，进行简单介绍。

单击“效果”按钮，在下拉列表中（图 3.3.4）选择“边框”，打开边框编辑对话框（图 3.3.5），勾选“边框”前面的复选框，选择所需的边框类型，然后单击“确定”按钮，效果如图 3.3.6 所示。

图3.3.4　效果下拉列表

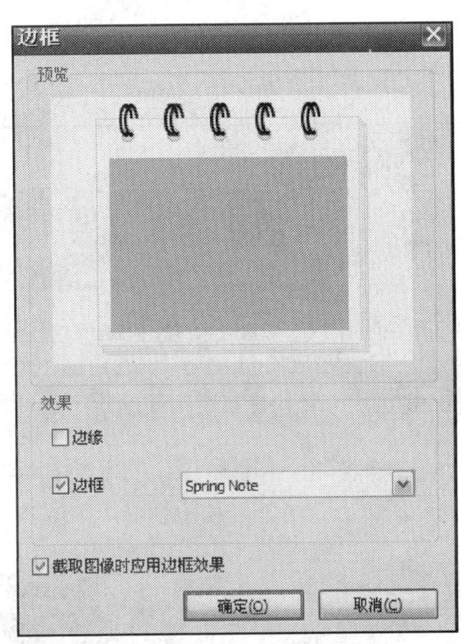

图3.3.5　边框编辑对话框

图3.3.6　添加边框后的效果

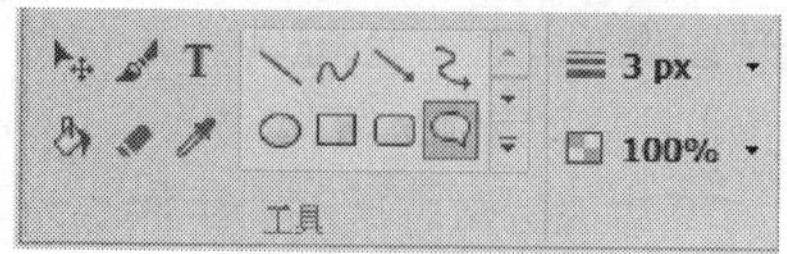

图3.3.7 工具

第五步：给截图添加标注。选择适当形状，设置边框粗细及透明度、填充颜色，在截图上按住左键进行拖动，画出形状来（图 3.3.7）。

在“图形”选项卡中，选择图形的样式、填充的颜色、边框的样式等操作，然后单击“插入文本”按钮（图 3.3.8），在图形中输入标注的文字“flower”，如图 3.3.9 所示。

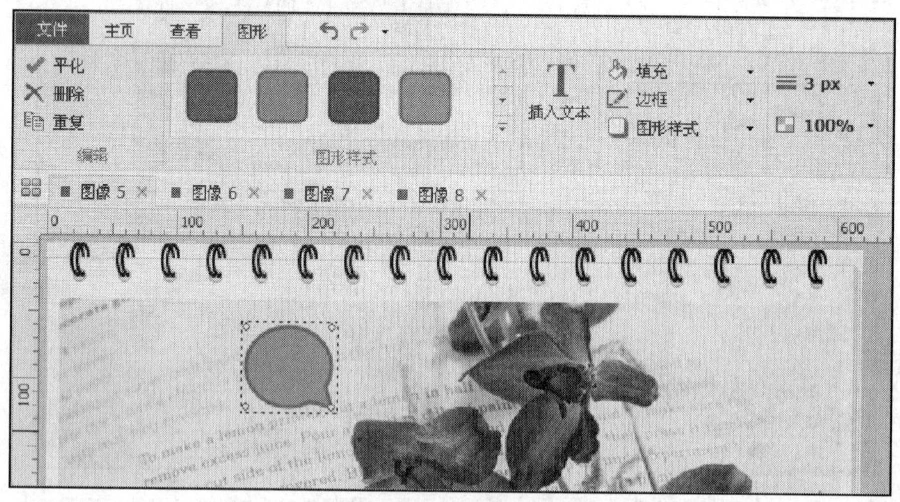

图3.3.8 添加图形

图3.3.9 最终效果

第六步：截图处理好后，如果需要马上将截图粘贴到其他文档，可以单击“复制”按钮（图 3.3.10），然后进入需要粘贴的文档，单击“粘贴”按钮即可。

图3.3.10　工具栏

也可以将处理完的截图,以图片的形式保存到文件夹里,以供下次使用。单击“文件”—“另存为”，有多种图片格式供选择保存，如图 3.3.11 所示。

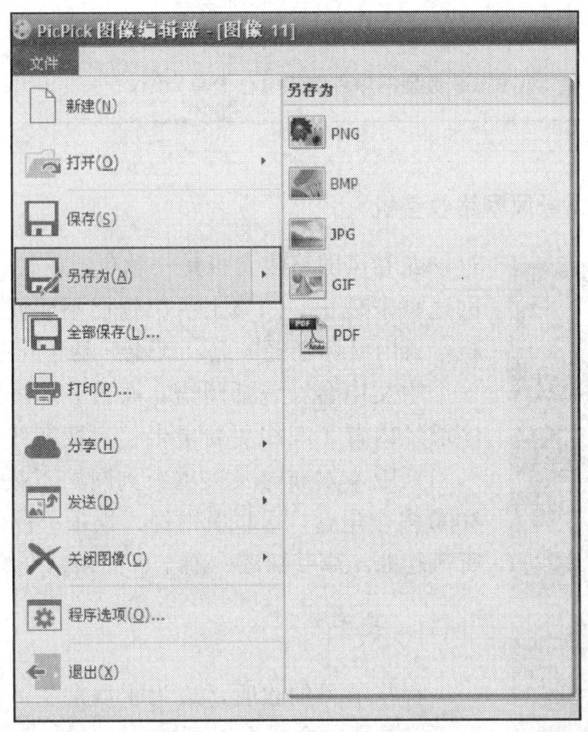

图3.3.11　“另存为”界面

小　结

在本项目中我们学会了如何截图，生活或工作中，用 PicPick 这款截图软件，操作简单，可以方便地抓取全屏幕或是局部的画面，其所具备的最常用到的基本图像处理功能，可以使截取图片和后期处理轻松地一步到位。

模块四　音频视频工具

项目一　音 频 工 具

案例导入

小刘是音乐发烧友，工作之余喜欢听听电台广播及音乐，偶尔也喜欢唱唱歌，自娱自乐。

■ 分析

网络上的音频软件很多，大体功能分以下几种类型：

1）电台广播。

2）播放本地音乐。

3）播放在线音乐。

4）伴音类软件。

本项目我们就每种类型举一款典型的软件给大家做简单介绍。

电台广播软件：龙卷风网络收音机

龙卷风网络收音机是一款免费软件。随着宽带网的普及，网速越来越快，网络上听广播已不成问题。使用龙卷风收音机，只用鼠标轻轻一点，就能听遍全世界的声音。内建有 100 多个中文电台（包括国语、粤语）及一些国际著名电台。程序已经内置了在线更新电台信息及在线升级程序功能，免去每当新版本发布时又需重新到网站下载的麻烦。收录全世界 3000 多个电台，可以听财经、娱乐、社会新闻，听外语电台，听流行曲，享受摇滚、爵士、民乐、交响乐等。

1. 录音

有些节目的收听，成为了日常生活的一部分，有时因忙碌而错过了，会觉得很可惜。

有了定时录音，会让我们不错过每一个节目。

第一步：在主界面（图 4.1.1）上单击“录音”按钮，弹出“录音机”对话框。

第二步：在“录音机”对话框中设置录音文件的存放位置及文件格式。

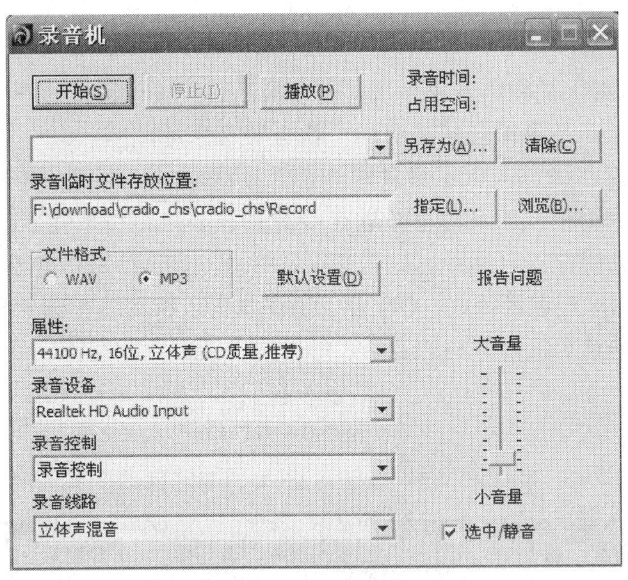

图4.1.1　录音机主界面

2. 定时播放/录音

第一步：在主界面上单击“菜单”按钮，弹出主菜单（图 4.1.2）。

第二步：单击“定时播放 / 录音”按钮，弹出“定时播放 / 录音”对话框（图 4.1.3）。

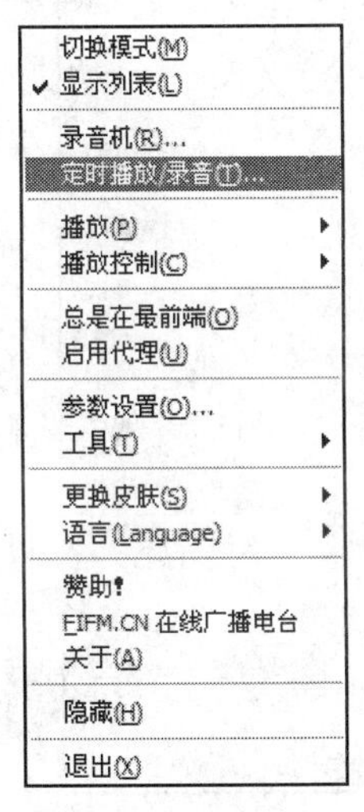

图4.1.2　主菜单

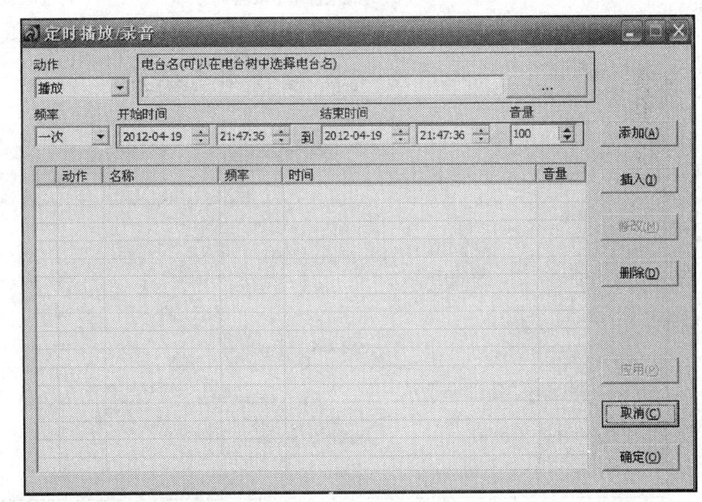

图4.1.3　定时播放/录音

第三步：在“定时播放 / 录音”对话框中，浏览要录制的电台名。

第四步：设置录制的开始时间和结束时间，单击“添加”按钮，只要等到预定的时间，就会自动地录制或播放。

作为一款收听电台广播的软件，里面还自带了一些小工具：如“语音报时”、“自动关机”等实用小程序，为此款软件添色不少。

音乐播放软件：QQ音乐

QQ 音乐是中国最大的网络音乐平台，是中国互联网领域领先的正版数字音乐服务提供商，是腾讯公司推出的一款免费音乐播放器，向广大用户提供方便流畅的在线音乐和丰富多彩的音乐社区服务，海量乐库在线试听、卡拉 OK 歌词模式、最流行新歌在线首发、手机铃声下载、超好用音乐管理。绿钻用户还可享受高品质音乐试听、正版音乐下载、免费空间背景音乐设置、MV 观看等特权。QQ 音乐融在线音乐和本地音乐于一体，既可以收听本地计算机上保存的音乐，还可以在线收听网络上的音乐。

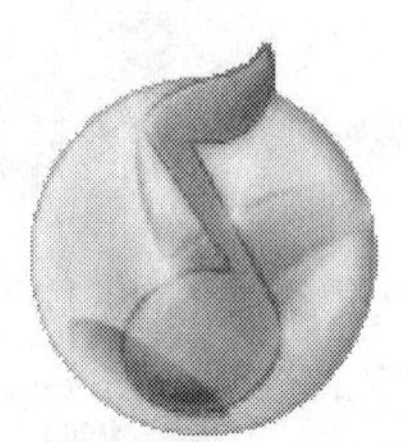

1. 收听本地音乐

第一步：单击主界面“本地管理”按钮，进入“本地管理”界面（图 4.1.4）。

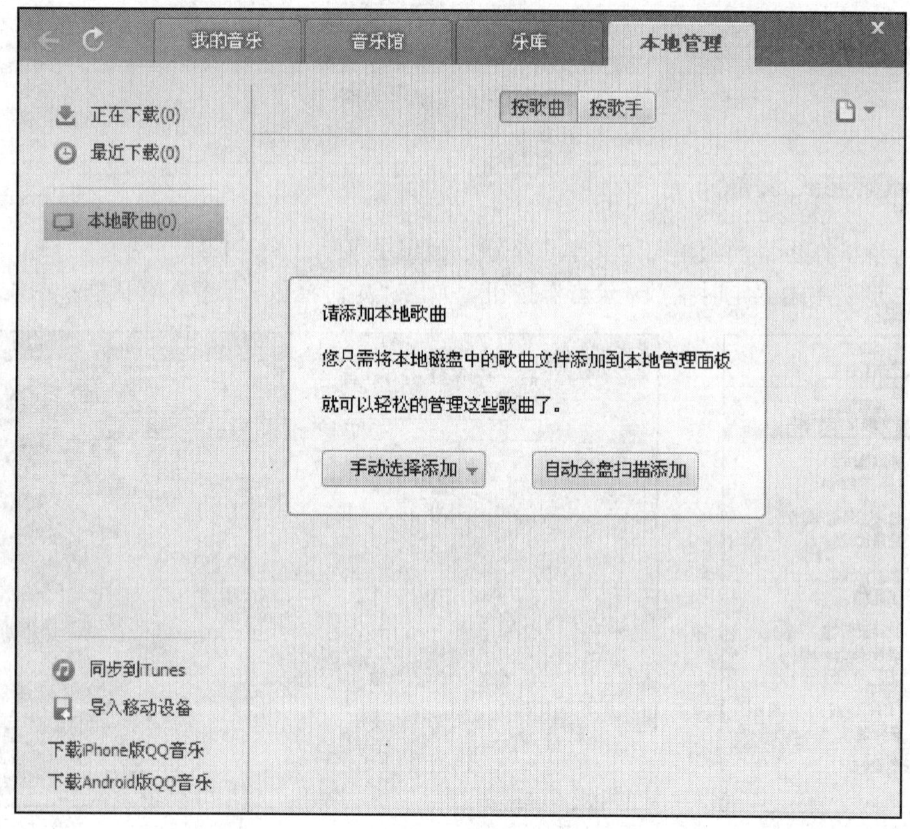

图4.1.4　本地管理

第二步：单击“手动选择添加”按钮，可以将本地单支歌曲或歌曲文件夹全部添加到播放列表中。

第三步：也可单击“自动全盘扫描添加”按钮，自动将本地计算机上的所有音乐添加到播放列表。

2. 收听在线音乐

第一步：单击主界面“乐库”按钮。

第二步：选择自己喜欢的歌曲。音乐就添加到了播放列表（图 4.1.5）。

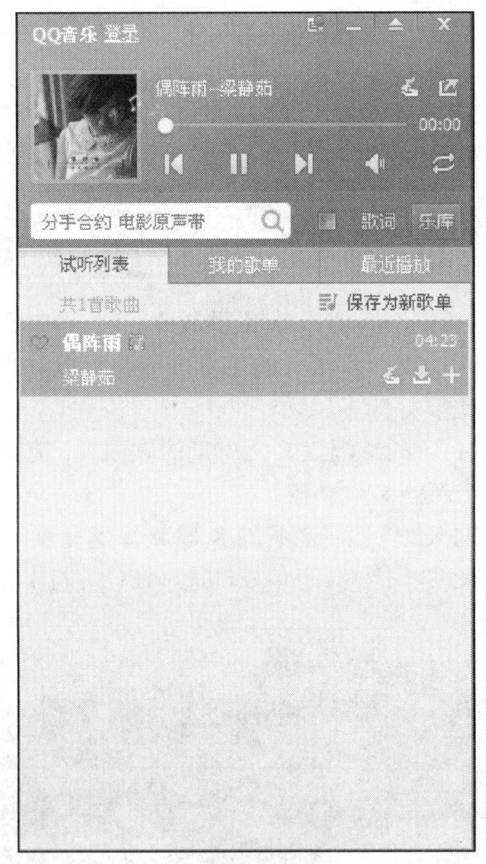

图4.1.5　试听列表

QQ 音乐做得很人性化，有“试听列表”，把以前试听过的音乐都保存在这个列表中，还有收藏列表，把自己喜欢的音乐都可放入这个列表，以后登录进去，就可以收听了，而且列表是保存在服务器上，不管在哪台计算机上，只要以自己的账号登录进去，收藏的歌曲都还在。

另外一大亮点就是 QQ 的歌词功能，单击“歌词”按钮，就可以调出歌词来，而且它还能自动到网络上去搜索歌曲相对应的歌曲。歌词字体很大，字体也特别好看。

列举下 QQ 音乐的特点：

1）玲珑桌面歌词。歌词舞动桌面，在家也如同在 K 房一样畅快，尽享无限声色体验。

2）独家首发资源。海量百万曲库，新歌金曲、音乐资讯抢先发，助您把握流行脉搏。

3）丰富推荐列表。随便听听列表向用户推荐更多好歌，还可选择分类，轻松滤出你的最爱。

4）歌曲随身携带。只有绿钻用户才可以免费上传歌曲至服务器，安全存储不丢失，随时随地畅听。

5）醒目听歌状态。看看朋友都在听些什么，交换彼此音乐心情，体味分享快乐。

6）贴心附加服务。打包多种音乐服务，一键设置空间背景音乐，时刻彰显用户的音乐个性。但是大多服务只有绿钻用户才能享用。

伴唱软件：酷我K歌

酷我 K 歌是酷我公司推出不久的一款 K 歌软件，效果非常不错，所有伴奏与 KTV 非常相近，都是歌曲原 MV，这一点给人的感觉很好，而且歌曲非常全，这比很多软件提供的简单低级的伴奏相比要好的多。

酷我 K 歌是一款 K 歌必备的练唱工具，海量的歌曲库，超强的练唱图谱功能，最新 KTV 点唱榜单，带给用户全新的 K 歌体验。

同时还有分贝网开发的 K8 软件，老牌的 K 歌软件麦克风，推出不久的唱吧软件等，都是不错的 K 歌软件，大家可以根据自己偏好挑选，在计算机上方便地实现 K 歌。

酷我 K 歌主界面如图 4.1.6 所示。

图4.1.6 酷我K歌主界面

1. 音频设置

在进行 K 歌练习之前，需要简单地设置一下麦克风及扬声器。

第一步：单击主界面的“音频设置”按钮，弹出“语音视频调节”对话框（图 4.1.7）。

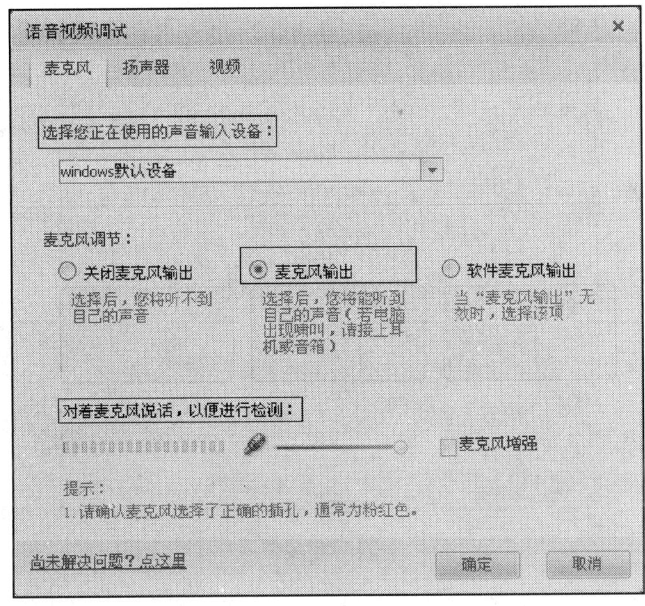

图4.1.7　语音视频调节

第二步：切换到“麦克风”选项卡，进行相应设置。

- 选择正在使用的声音输入设置。
- 麦克风输出。
- 对麦克风进行测试。

第三步：切换到“扬声器”选项卡（图 4.1.8），测试扬声器。

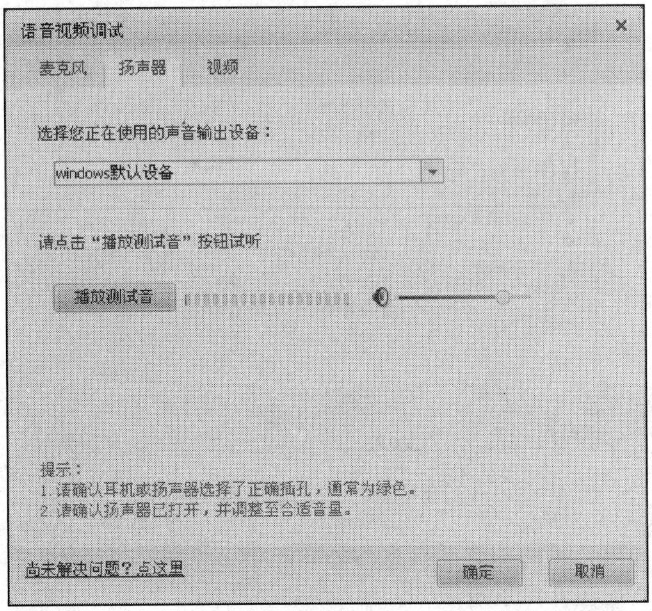

图4.1.8　语音视频调节——扬声器

第四步：切换到“视频”选项卡（图 4.1.9），测试摄像头。

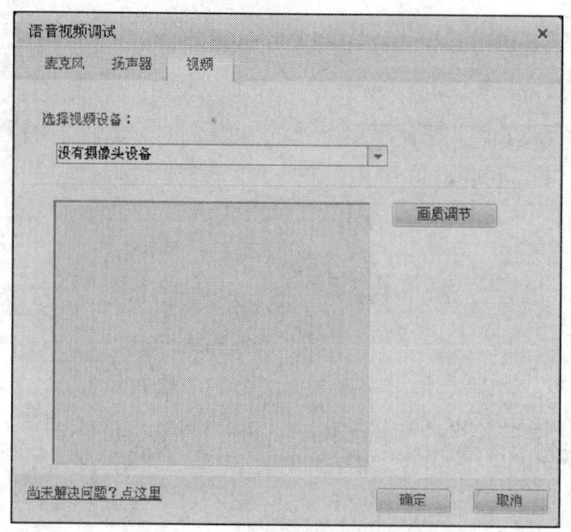

图4.1.9 语音视频调节——视频

2. K歌练习

第一步：主界面单击“点歌台”按钮，打开“点歌”页面（图 4.1.10），这里面汇集了网络上的众多歌曲。

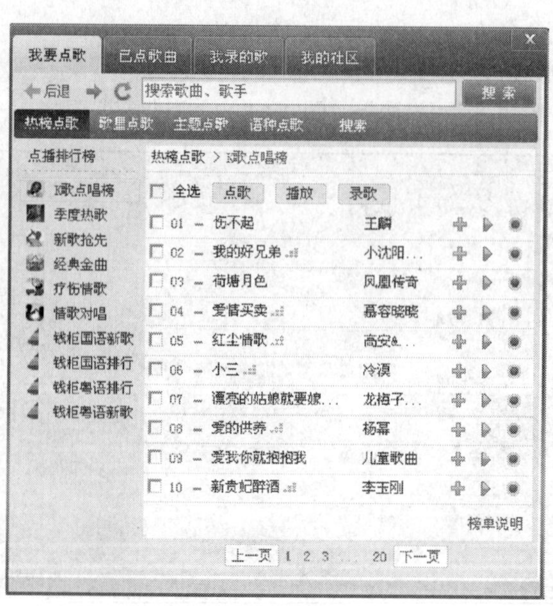

图4.1.10 点歌主界面

第二步：在“点歌”页面中选择喜欢的歌曲，单击“播放”按钮，播放器就开始缓冲，从网络上下载歌曲，如图 4.1.11 所示。

图4.1.11　播放

第三步：默认采用原唱播放，也可以单击“伴唱”按钮，进入伴音状态。

第四步：如果要查看自己和原唱存在的差别，可以单击打开“练唱图”（图 4.1.12），给出了原唱和自唱的声线图。

第五步：如果要把自己唱的歌录下来保存，可以单击“录制”按钮。默认保存在安装目录下，也可以单击主界面右上角的“菜单”按钮（图 4.1.13），选择“设置”命令。在设置对话框（图 4.1.14）中设置保存位置。

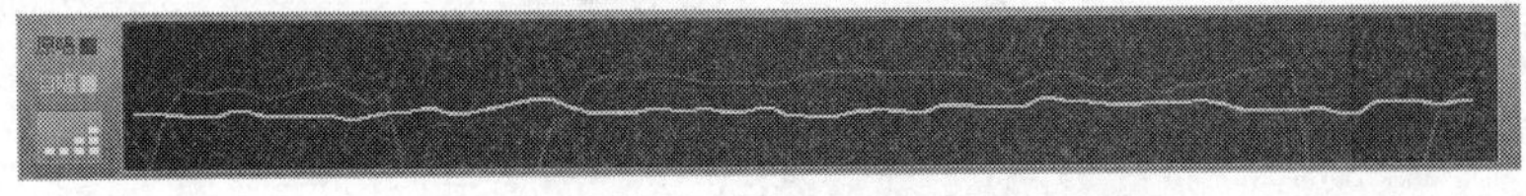

图4.1.12　练唱图

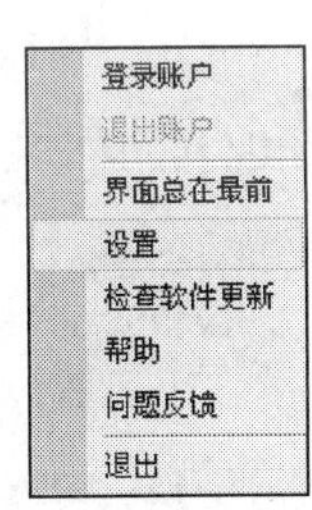

图4.1.13　菜单

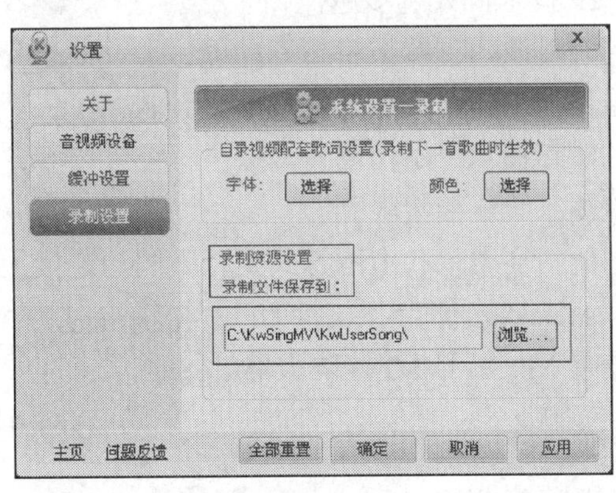

图4.1.14　设置

项目二 视频工具

案例导入

小刘是电影迷，也是个球迷，喜欢足球及电影的他，决不愿错过每一部大片及英超球赛，但可惜的是，很多电视台都没有英超球赛的转播。

■ 分析

在这里向喜欢体育节目和看电影的朋友推荐一款在线播放软件——PPTV，和其他在线播放软件一样，都能播放在线电影，支持在线点播。这款在线播放软件的最大亮点在于，能够收看各大足球联赛的赛事转播，这是许多其他在线播放软件所没有的。下面我们就来介绍一下这款软件。

在线播放软件：PPTV

PPTV 网络电视是 PPLive 旗下产品，一款 P2P 网络电视软件，支持对海量高清影视内容的“直播＋点播”功能。可在线观看电影、电视剧、动漫、综艺、体育直播、游戏竞技、财经资讯等丰富的视频娱乐节目。P2P 传输，越多人看越流畅、完全免费，是广受网友推崇的上网装机必备软件。

1. 软件特性

PPTV 的特性可以归纳成如下几点：

1）清爽明了、简单易用的用户界面。

2）利用 P2P 技术，人越多越流畅。

3）丰富的节目源，支持节目搜索功能。

4）频道悬停显示当前节目截图及节目预告。

5）优秀的缓存技术，不伤硬盘。

6）自动检测系统连接数限制。

7）对不同的网络类型和上网方式实行不同的连接策略，更好地利用网络资源。

8）在全部 Windows 平台下支持 UPnP 自动端口映射。

9）自动设置 XP 的网络连接防火墙。

2. 软件介绍

PPTV 所包含节目内容非常丰富，分类有：直播、电影、电视剧、综艺、动漫、体育等（图 4.2.1）。

1）在直播板块中包含了即将播放和正在播放的各电视台的节目信息（图 4.2.2），点击即可观看。还包含有即将播放和正在播放的体育赛事（图 4.2.3），让用户不错过每一场精彩比赛。

图4.2.1　PPTV主界面

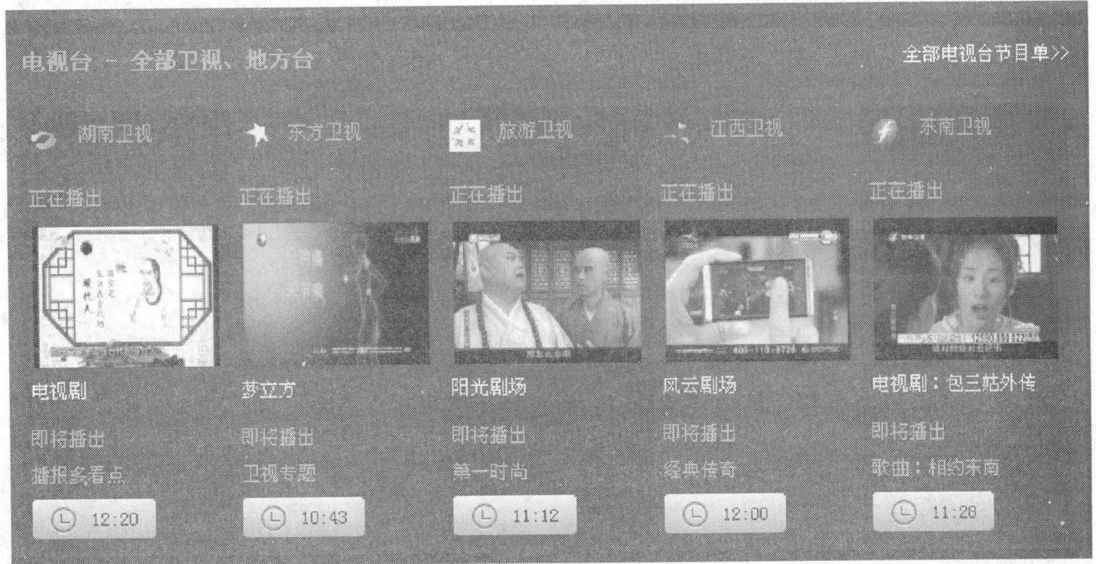

图4.2.2　电视台节目信息

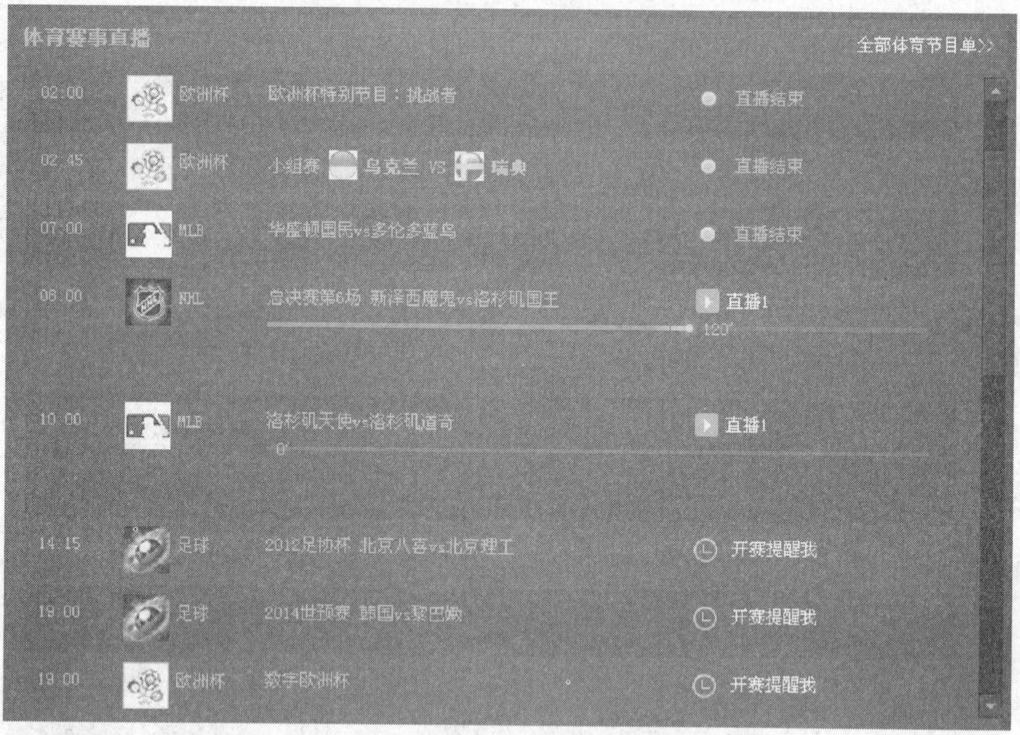

图4.2.3 体育赛事

喜欢游戏的朋友也能收看游戏比赛直播、游戏资讯，以及人性化的“开赛提醒我”功能（图 4.2.4）。

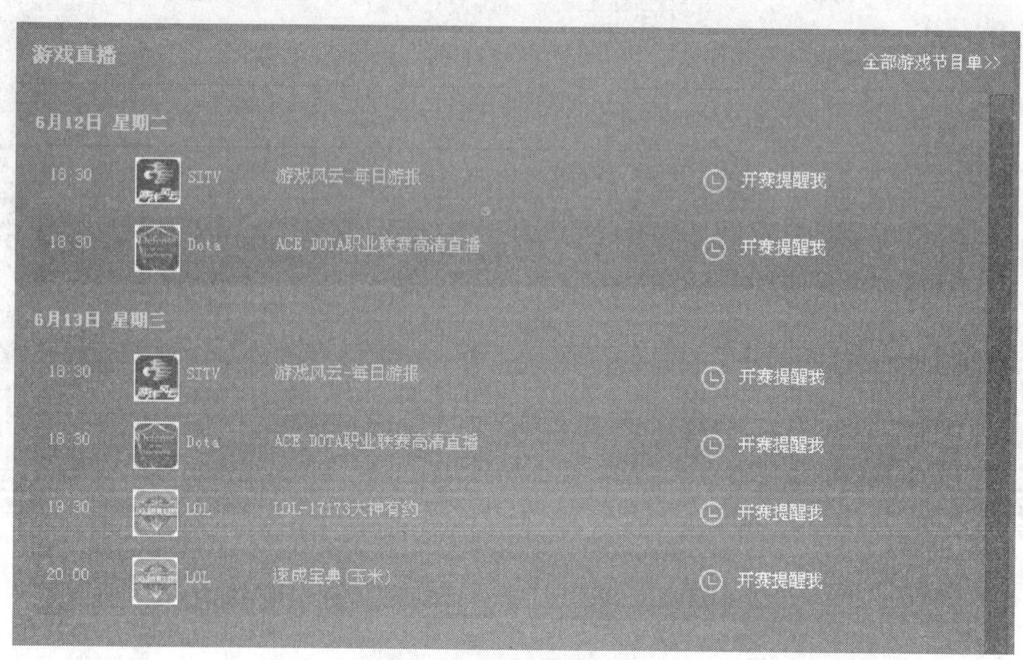

图4.2.4 “开赛提醒我”功能

2）电影板块（图 4.2.5）包含了最新最酷的电影资讯，网友的评价打分也能适当地作为参考，注册账号后还能参与互动评价，发布自己的影评与网友一起分享。

图4.2.5　电影板块

极具人性化的“电影节目索引”功能（图 4.2.6）让用户快速找到自己想看的电影类型。

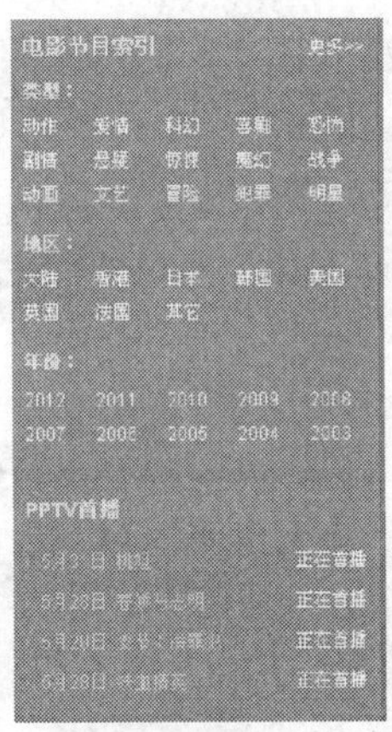

图4.2.6　电影节目索引

想更快速找电影，可以利用搜索功能（图 4.2.7）。

图4.2.7　搜索节目

独特的排序功能（图 4.2.8），让用户省却不少的甄别时间。

排序： 今日播放 周播放 总播放 用户好评

全部 动作 喜剧 爱情 科幻 恐怖 战争 犯罪 剧情 微电影

01	天龙特攻队 2010	布莱德利·库珀 / 连姆·尼森 / 杰西卡·贝尔 /	今日人气：14.1万
02	玩命狙击 2010	乌汶叻公主 / Shahkrit Yamnarm / 余文乐 /	今日人气：10.2万
03	忍者刺客 2009	郑智薰 / 娜奥米·哈里斯 / 成康 /	今日人气：10.0万
04	龙门飞甲 2011	李连杰 / 桂纶镁 / 周迅 / 陈坤 / 李宇春 / 范晓萱 /	今日人气：9.6万
05	隔绝 2011	劳伦·日尔曼 / 米洛·文提米利亚 / 迈克尔·比恩 /	今日人气：8.3万
06	绝代艳后 2006	克尔斯滕·邓斯特 / 朱迪·戴维斯 / 艾莎·阿基多 /	今日人气：7.2万
07	异星战场 2012	泰勒·克奇 / 威廉·达福 / 琳恩·柯林斯 /	今日人气：6.6万
08	匹夫 2012	雷晓明 / 张译 / 张歆艺	今日人气：6.5万
09	桃姐 2011	刘德华 / 叶德娴 / 秦海璐 / 王馥荔 / 黄秋生 / 秦沛	今日人气：5.4万
10	绑架 2011	莉莉·科林斯 / 阿尔弗雷德·莫里纳 /	今日人气：4.7万
11	出轨的女人 2011 国	叶璇 / 夏文汐 / 吴家丽 / 陈伟霆 / 谭凌峰 / 冼色丽	今日人气：4.6万
12	美国队长 2011	克里斯·埃文斯 / 雨果·维文 / 塞巴斯蒂安·斯坦 /	今日人气：4.5万

图4.2.8 排序

3）综艺板块（图 4.2.9）绝对是时尚青年的不二首选，最酷最炫的前沿资讯及综艺节目尽在其中。

图4.2.9 综艺板块

4）动漫达人的最爱——动漫板块（图 4.2.10），成年的朋友也能从中找回童年的点滴记忆。

图4.2.10　动漫板块

5）体育板块（图 4.2.11），点燃你的激情，尽情的欢呼和呐喊吧。

图4.2.11　体育板块

小　结

在项目一和项目二中我们了解到常见的音频播放软件和视频播放软件，这些软件都是我们平时生活娱乐不可缺少的。相同功能的软件还有很多，我们只要掌握其中一款软件使用，就能摸索出其他软件的使用方法。

项目三 视频格式转换

案例导入

小刘的手机只支持播放3GP及MP4格式的视频，但网上关于这些格式的电影资源又很少，大多是RMVB格式，而小刘又非常想把电影拷在手机上，怎么办呢？

▩ 分析

不同的视频格式，采用不同的视频编码方式。播放视频时，不同编码的视频要采用不同的解码器打开。不同的编码方式产生的视频文件的大小有所不同，视频清晰度也有所不同。

在互联网上，很多视频网站都支持视频点播，考虑到不同用户的网速不同，还特意把同一个视频分别做成了标清、高清、超清等不同分辨率，当然分辨率越高，文件就越大，用户下载的时间就越长。现在很多在线视频网站都很流行把视频转换成FLA格式的视频，FLA格式压缩率高，文件较小。

常见的视频格式有：MPEG/MPG/DAT、AVI、MOV、ASF、WMV、3GP、MKV、FLV、F4V、RMVB，有时我们为了满足不同的需求，需要把视频转换成需求的视频格式，在这里推荐一款视频转换软件——格式工厂（Format Factory）。

格式转换软件：格式工厂

1. 软件介绍

格式工厂是一款多功能的多媒体格式转换软件，适用于 Windows。可以实现大多数视频、音频及图像不同格式之间的相互转换。转换可以具有设置文件输出配置、增添数字水印等功能。

2. 软件特点

1）支持几乎所有类型的多媒体格式转换到常用的几种格式。

2）转换过程中可以修复某些意外损坏的视频文件。

3）多媒体文件减肥。

4）支持 iPhone/iPod/PSP 等多媒体指定格式。

5）转换图片文件支持缩放、旋转、水印等功能。

6）DVD 视频抓取功能，轻松备份 DVD 到本地硬盘。

7）支持 60 种国家语言。

3. 使用方法

第一步：打开格式工厂所在文件夹，双击 FormatFactory.exe（图 4.3.1）。

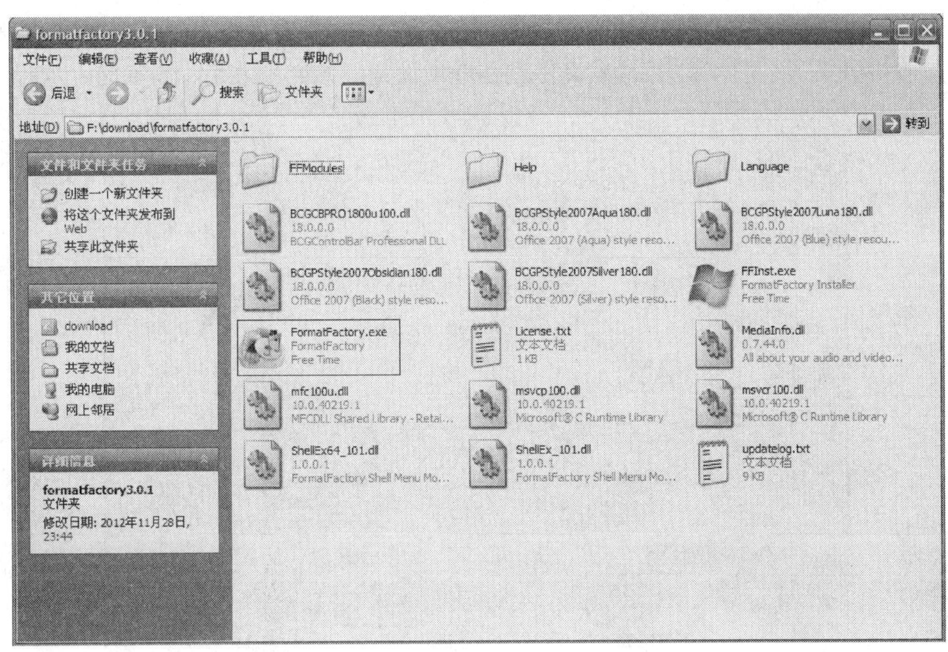

图4.3.1　格式工厂文件夹

第二步：选择要转换的文件类型，有视频、音频、图片、光驱设备，下面我们以转换视频为例，将一个格式为MP4的视频，转换成SWF格式。在格式工厂主界面（图4.3.2）中，选择“视频”栏，单击“所有转到SWF”按钮。

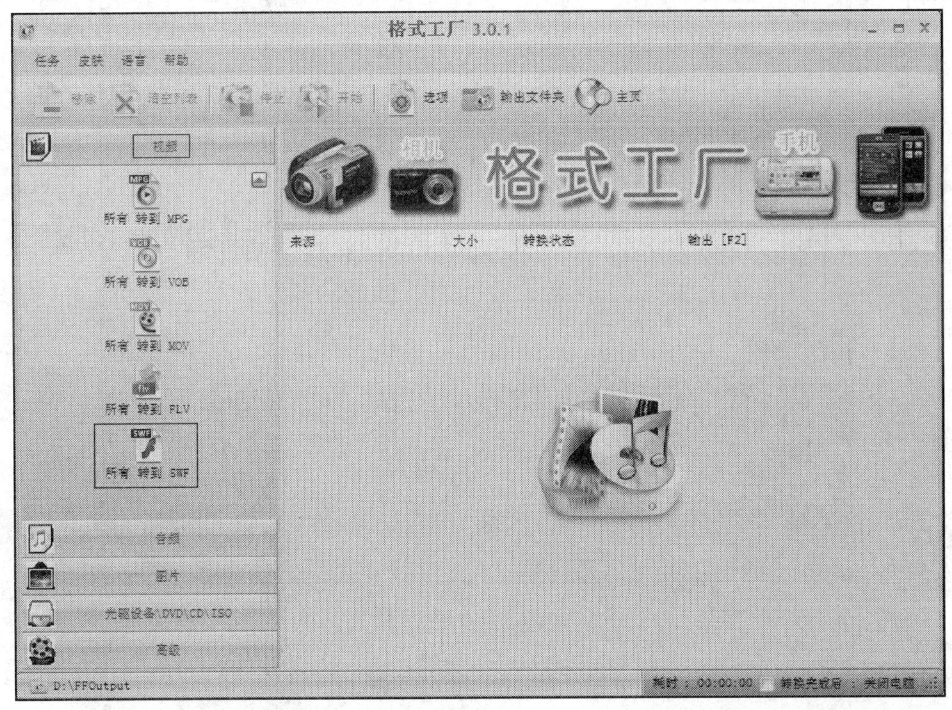

图4.3.2　格式工厂主界面

第三步：在“所有转到SWF”对话框（图4.3.3）中，单击“输出配置”按钮，打开“视频设置”对话框（图4.3.4），对输出文件进行选项设置，如屏幕大小、高宽比、水印等。

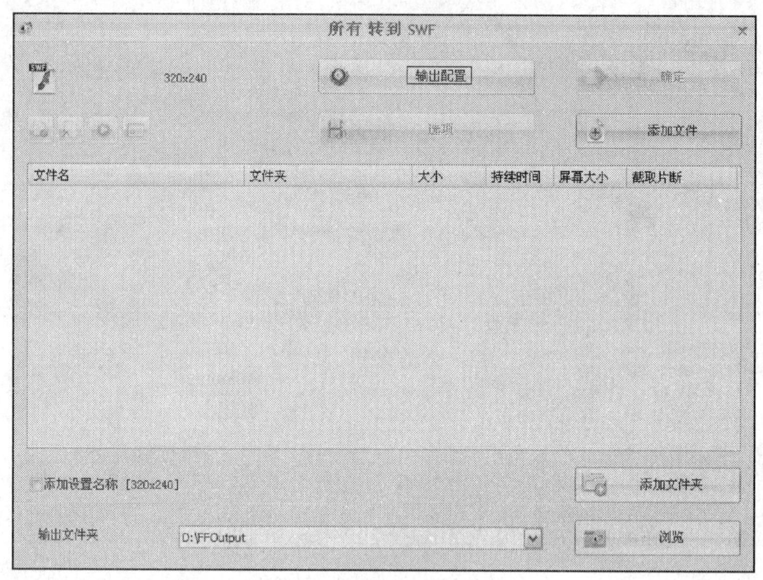

图4.3.3　所有转到SWF

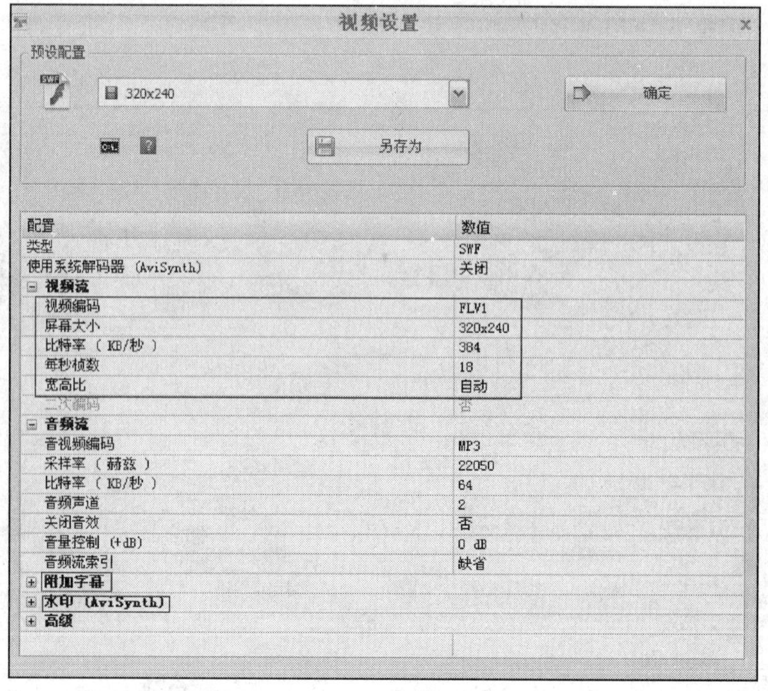

图4.3.4　视频设置

设置完毕后，单击“确定”按钮，回到上级对话框。

第四步：单击“添加文件”按钮，弹出“打开”对话框（图4.3.5），选择所需要转换的视频文件。也可以单击“添加文件夹”，将整个文件夹内的所有视频批量进行转换。

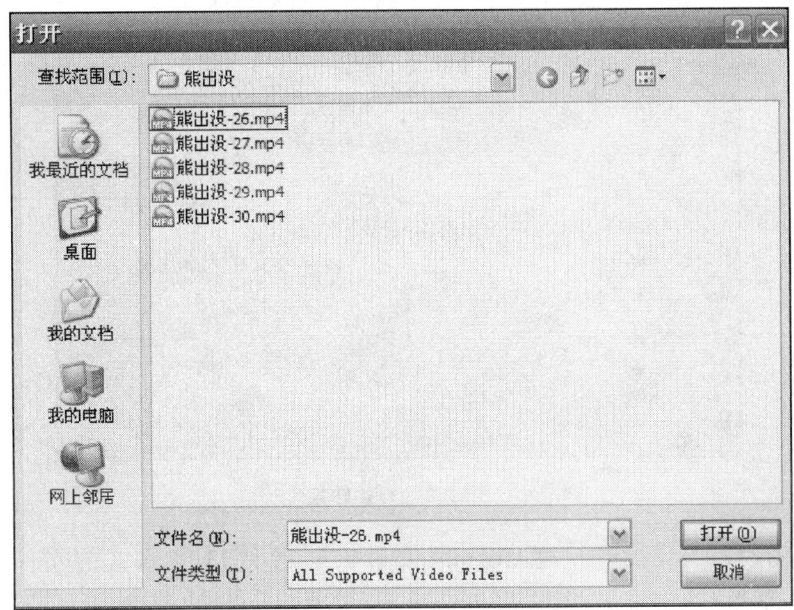

图4.3.5　添加文件

当视频添加进来之后，单击“浏览”按钮，选择文件输出路径，如“E:\ 电视剧 \format”（图 4.3.6）。

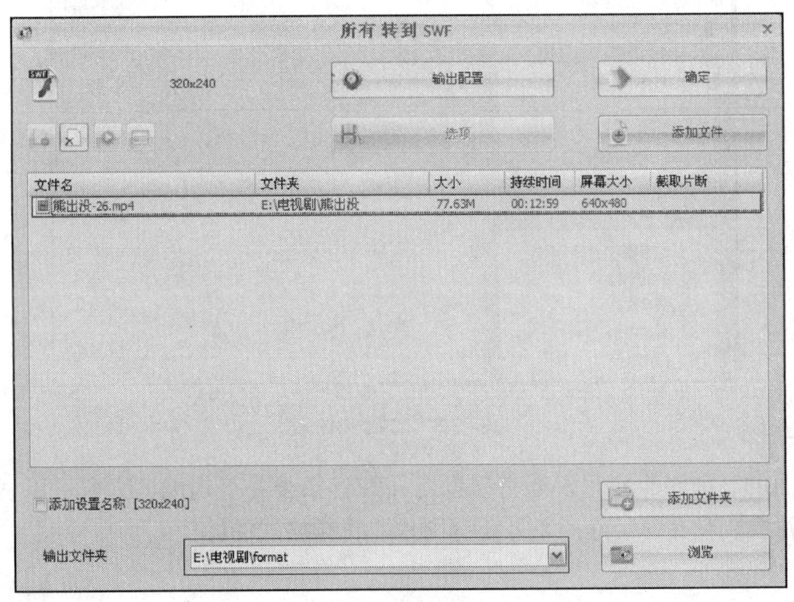

图4.3.6　选择输出路径

第五步：单击“确定”按钮，回到主界面，单击“开始”按钮，进行视频格式转换（图 4.3.7）。

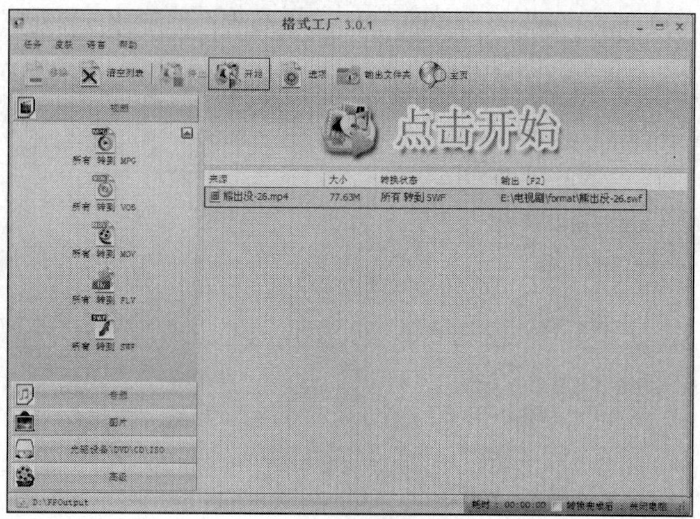

图4.3.7　开始转换

最后，我们打开 E:\ 电视剧 \format 文件夹，看到 MP4 格式的文件已经转换成 SWF 格式（图 4.3.8）。

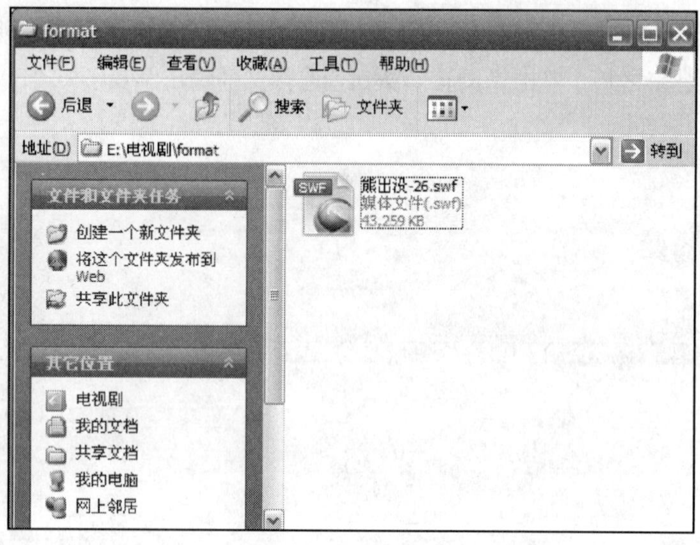

图4.3.8　输出文件夹

在主界面的“高级”栏里，还有视频合并和音频合并等功能，大家可以试试把多个视频或音频合并成一个文件。除此以外还有图片、音频格式的转换。

小　结

本项目我们学习了视频格式的转换，首先我们学习了常见的视频格式。然后了解到视频格式转换的必要性，以及如何用格式工厂软件对视频进行格式转换的方法。

项目四　视频编辑

案例导入

公司叫小刘把上次新年联欢活动拍摄的一些图片和视频做成一个小影片，加上一些字幕和背景音乐，供大家自娱自乐。可是小刘并不是计算机视频处理的行家，这个看似简单的要求，却把他难住了。

分析

我们经常会在一些电影中看到计算机特效，非常震撼。计算机视频处理及影视后期制作，都会用到一些非常专业的软件。但对于我们自娱自乐来说，就显得力不从心了，不过我们也常常会在一些如土豆、优酷等视频网站上，看到一些非常搞笑的视频剪辑，虽不太专业，但也达到了自娱自乐的目的。下面我们就为大家推荐一款非常不错的视频编辑软件，常常用于家庭用户进行视频编辑，界面友好，操作简单，容易上手。

会声会影是入门者进行视频编辑的不二选择，下面我们来一起认识下这款非常优秀的软件。

视频编辑软件：会声会影

1. 软件介绍

会声会影不仅完全符合家庭或个人所需的影片剪辑功能，甚至可以挑战专业级的影片剪辑软件。该软件具有成批转换功能与捕获格式完整的特点。虽然无法与 EDIUS，Adobe Premiere，Adobe After Effect 和 Sony Vegas 等专业视频处理软件相媲美，但会声会影一贯以简单易用、功能丰富的作风赢得了良好的口碑，在国内的普及度较高。会声会影拥有最完整的影音规格支持，独步全球的影片编辑环境，令人目不暇接的剪辑特效，最撼动人心的 HD 高画质新体验。

创新的影片制作向导模式，只要三个步骤就可快速做出 DV 影片，即使是入门新手也可以在短时间内体验影片剪辑乐趣；同时操作简单、功能强大的会声会影编辑模式，从捕获、剪接、转场、特效、覆叠、字幕、配乐，到刻录，让用户全方位剪辑出好莱坞级的家庭电影。

其成批转换功能与捕获格式完整支持，让剪辑影片更快、更有效率；画面特写镜头与对象创意覆叠，可随意做出新奇百变的创意效果；配乐大师与杜比 AC3 支持，让影片配乐更精准、更立体；同时酷炫的 128 组影片转场、37 组视频滤镜、76 种标题动画等丰富效果，让影片精彩有趣。

2. 软件体验

第一步：启动会声会影软件，打开“向导”界面（图 4.4.1）。

图4.4.1 向导

第二步：选择“影片向导”，弹出“Corel 影片向导”（图 4.4.2）对话框。

图4.4.2 Corel影片向导1

- 捕获：从摄像机或 DV 中获取视频素材。
- 插入视频：从本地硬盘中选择要插入的视频素材。
- 插入图像：从本地硬盘中选择要插入的图片素材。
- 插入数字媒体：从光盘等媒介中插入需要的素材。

从移动设备中导入：从移动设备中导入相应的素材。

第三步：选择相应的素材源，把素材插入“Corel 影片向导”对话框中，单击“下一步”按钮。

第四步：单击“主题模板”下拉按钮，选择主题模板（图 4.4.3）。

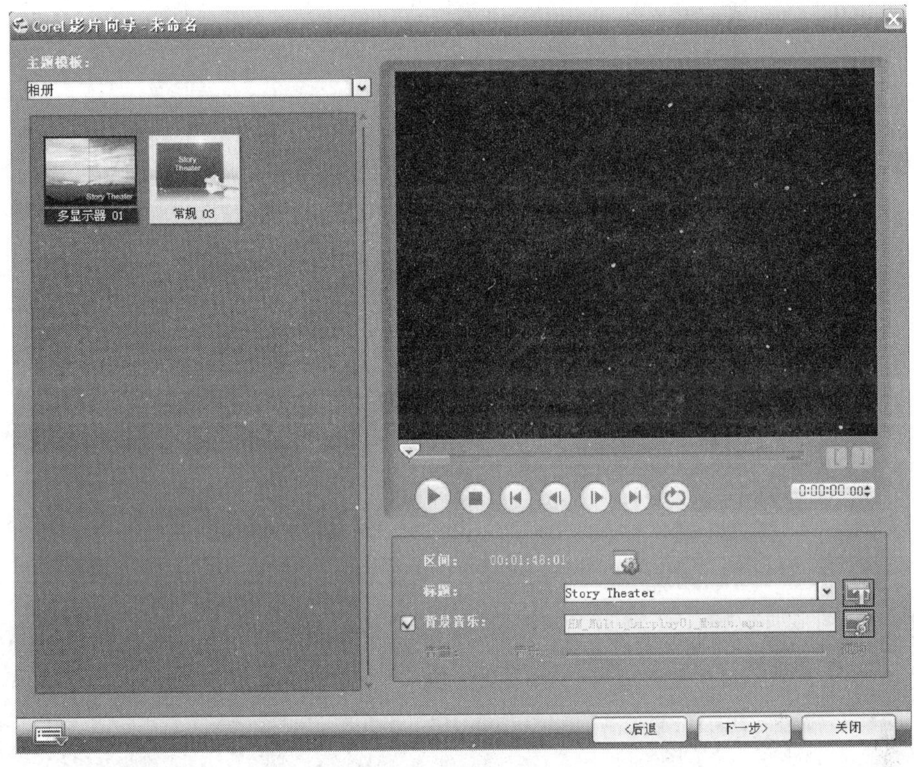

图4.4.3　Corel影片向导2

第五步：单击“输入标题”图标，弹出“文字属性”对话框（图 4.4.4），设置文字属性。选择字体、大小、颜色、透明度等。

第六步：单击设置背景的图标，弹出“音频选项”对话框（图 4.4.5），单击“添加音频”按钮，弹出“打开音频文件”对话框（图 4.4.6），选择背景音乐后单击“打开”按钮，在“音频选项”对话框中单击“确定”按钮。

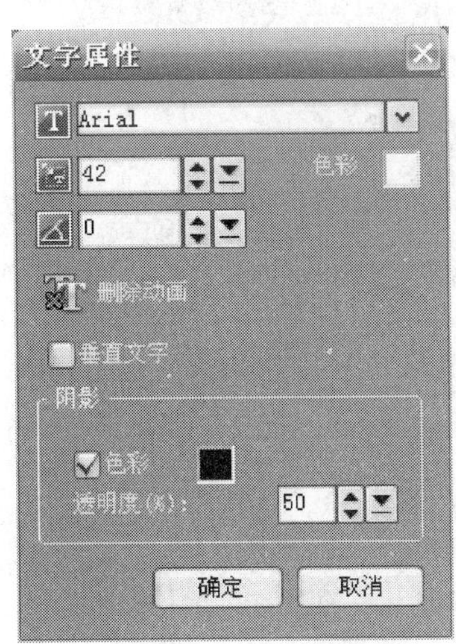

图4.4.4　文字属性

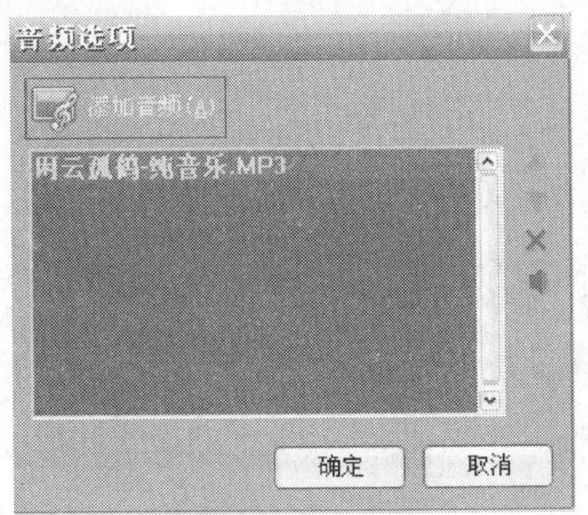

图4.4.5　音频选项

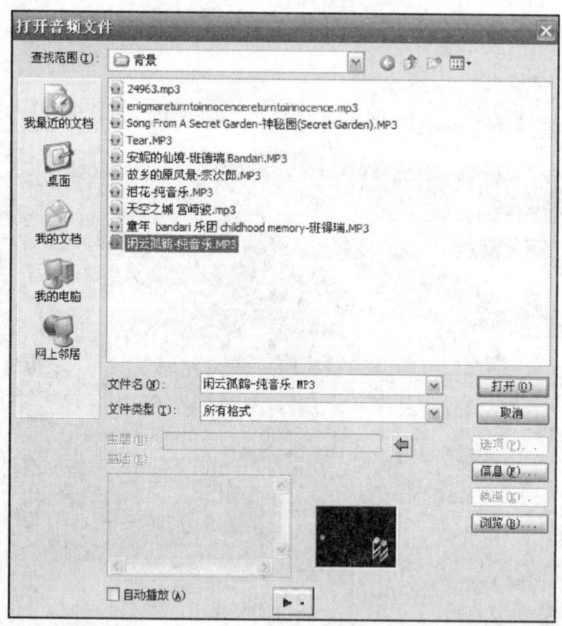

图4.4.6 选择音频

第七步：设置好后单击“下一步”按钮（图 4.4.7），弹出“Corel 影片向导”对话框（图 4.4.8）。这时候有三种选择：创建视频文件、创建光盘、在 Corel 会声会影编辑器中编辑。

图4.4.7 添加背景音乐后的Corel影片向导界面

图4.4.8　Corel影片向导3

我们以“在 Corel 会声会影编辑器中编辑”为例，继续讲解。单击“在 Corel 会声会影编辑器中编辑”按钮后，弹出如图 4.4.9 所示的对话框。

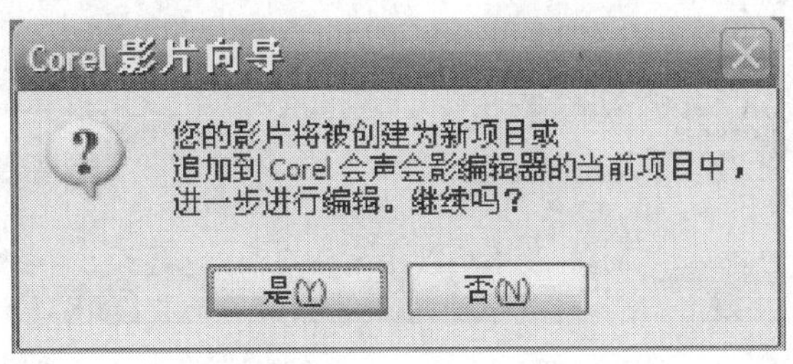

图4.4.9　提示对话框

第八步：单击“是”按钮。进入“编辑器视图”（图 4.4.10），对视频进一步美化编辑。

在该模式下，可以对创建的视频进行每一个细节的美化修改，如字幕、过渡效果、再次加入视频或图片素材、设置音轨等操作。

第九步：修改完成后，单击“播放”按钮，对视频进行最后的校对。

图4.4.10 编辑器视图

第十步：单击“分享”按钮。在主界面选择如下相应的操作（图 4.4.11），完成视频的制作。

图4.4.11 操作选项

小 结

本项目学习了简单视频编辑的方法，介绍了会声会影软件及常用方法，它简单易操作的特性深受客户喜欢，有时制作出的视频影像并不比专业的软件做出来的差。希望大家多练习，灵活组合，发挥出想像力，制作出出色的作品来。

模块五 存 储 工 具

项目一 刻 光 盘

案例导入

由于工作的关系，小刘经常要将工作的资料进行归档。把资料刻成光盘进行保存是一种不错的选择。

分析

光盘的存储原理比较特殊，里面存储的信息不能被轻易地改变。光盘不同于磁性载体的光学存储介质光盘，用聚焦的氢离子激光束处理记录介质的方法存储和再生信息，又称激光光盘。光盘凭借大容量得以广泛使用。现在普遍使用的DVD光盘容易能达到4.7GB，是数据存储和长期保存的首选之一。但使用光盘进行数据存储还必须具备两个条件。

可写光盘——可向其复制文件的CD或DVD光盘，常见的可写光盘类型包括CD-R、CD-RW、DVD-R和DVD-RW。R代表只可写一次数据。RW代表可以多次写入数据。

刻录机——会发出高功率的激光，聚焦在CD-R盘片某个特定部位上，使这个部位的有机染料层产生化学反应，以达到记录数据的目的。

刻录工具软件：光盘刻录大师

1. 软件介绍

光盘刻录大师是一款涵盖了数据刻录、光盘备份与复制、影碟光盘制作、音乐光盘制作、音视频格式转换、音视频编辑、CD/DVD 音视频提取等功能的多功能软件。该软件使用的是导航式操作，易于刚学刻录和视频转换的人使用。而在功能方面，不仅涵盖了刻录 VCD/DVD、音乐 CD 等常用的刻录功能，还包含了音视频的处理，支持了所有的主流格式，使得在处理多媒体方面更加的方便和得心应手。

2. 主要功能

1）刻录中心："数据刻录"功能可以备份文件资料到 CD/DVD 光盘中，并且可以把这些数据制作成映像文件，还可以创建可引导标准数据的 CD/DVD 光盘，以备 CD/DVD 设备直接引导个人计算机的启动。

2）翻录与复制中心："盘片复制"功能可以轻松地、1∶1 地复制现有的音乐光盘、数据光盘、影视 VCD/SVD/DVD 光盘。

3）多媒体辅助工具：

- "音乐转换"功能可以轻松地在主流音频格式之间任意转换。
- "视频转换"功能可以轻松转换各种音视频格式。同时支持音量调节、时间截取、视频裁剪等功能。

- “视频分割”功能可以快速地把一个视频文件分割成若干个小视频文件，支持按照时间长度、尺寸大小、平均分配手动和自动进行分割。
- “视频合并”功能可以把多个不同或相同的视频格式文件合并成一个视频文件。
- “视频截取”功能可以从一段视频中提取出用户感兴趣的一部分，制作成视频文件。
- “MP3 音量调整”功能在没有任何音质损失的前提下，可以调节 MP3 歌曲的音量。

光盘辅助工具：

- “查看光驱与光盘信息”功能可以帮助用户查看计算机系统中所有的光驱与光盘信息。
- “擦除盘片”功能可以帮助用户擦除各种可擦写光盘，以备刻录时用。

3. 软件体验

首先，启动光盘刻录大师，该主界面（图 5.1.1）很时尚，采用了 Windows 8 的界面风格，功能一目了然。

图5.1.1 光盘刻录大师主界面

光盘刻录大师主要有三个功能区：刻录工具、音频工具、视频工具。

（1）刻录工具区

1）刻录数据光盘：把计算机上的数据，直接复制到光盘上。

2）刻录音乐光盘：可以是 CD、DVD，音乐格式支持 MP3、WMV、AAC 等格式，放入播放机中，可以直接播放。

3）D9 转 D5：把 DVD-9 光盘的数据，刻录到 DVD-5 光盘中。

4）刻录 DVD 文件夹：刻录 DVD 的视频光盘。

5）光盘复制：将一张光盘的数据，复制到另一张空白光盘中。

6）制作光盘映像：把数据生成一张光盘映像文件。

7）光盘擦除：把一张可重复写的光盘上的数据擦除，成为空白光盘。

8）刻录光盘映像：把计算机上的光盘映像文件，刻录到光盘中。

9）光盘信息：查看光盘上的信息。

（2）音频工具区

音频工具的界面如图 5.1.2 所示。

图5.1.2　音频工具主界面

1）CD 音乐提取：把 CD 光盘中的音乐，提取到计算机中。

2）MP3 音量调节：改变 MP3 格式音乐的音量。

3）音乐格式转换：改变音乐文件的编码格式。

4）iPhone 铃声制作：制作 iPhone 手机的音乐铃声。

5）音乐光盘刻录：把计算机上的音乐文件刻录到光盘中。

6）音乐分割：把音乐文件分割成多个文件。

7）音乐截取：把音乐文件进行裁剪。

8）音乐合并：把多个音乐文件，合并成一个音乐文件。

（3）视频工具区

视频工具的主界面如图 5.1.3 所示。

图5.1.3 视频工具主界面

1）视频截图：通过播放器观看视频时，对图像进行截屏。

2）编辑与转换：对视频文件进行编辑加工及进行视频格式的转换。

3）制作影视光盘：刻录视频光盘。

4）视频分割：把一个视频文件分割成多个视频。

5）视频文件截取：从一个视频文件中，截取其中的一部分内容，保存为独立的视频文件。

6）视频合并：把多个视频文件合并成一个视频。

7）DVD 视频提取：从 DVD 光盘中，把视频数据提取到计算机中。

8）DVD 音频提取：把 DVD 光盘中，把其中的音频数据提取到计算机中。

下面，我们针对平时使用频率较高的几个实用功能展开学习，其他没有讲到的功能，大家在使用时也可以参照软件提供的功能向导，顺利完成制作，可以去体验一下。

（1）数据光盘的制作

由于平时工作或其他方面的需要，我们必须把数据刻录到光盘中，下面我们来学习如何将计算机中的数据刻录到光盘里。

第一步：“刻录工具”—“刻录数据光盘”，启动数据刻录向导（图 5.1.4）。

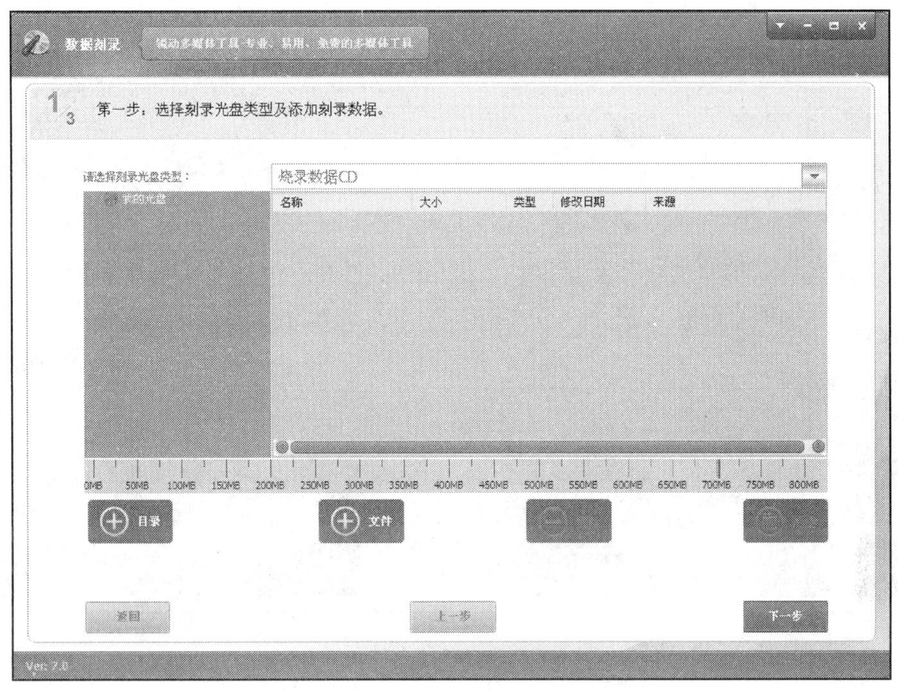

图5.1.4　数据记录向导1

刻录类型如下。

CD 数据光盘：载体是 CD。

DVD 数据光盘：载体是 DVD。

可启动 CD 数据光盘：可用于开机引导进入光盘系统的 CD 光盘。

可启动 DVD 数据光盘：可用于开机引导进入光盘系统的 DVD 光盘。

第二步：单击“目录”或“文件”按钮，弹出“浏览文件夹”对话框（图 5.1.5），添加要复制到光盘中的目录或文件。

图5.1.5　浏览文件夹

添加好目录和文件，如图 5.1.6 所示，单击“删除”按钮，可删除不要的目录或文件；单击“清空”按钮，可以删除列表中的所有文件。

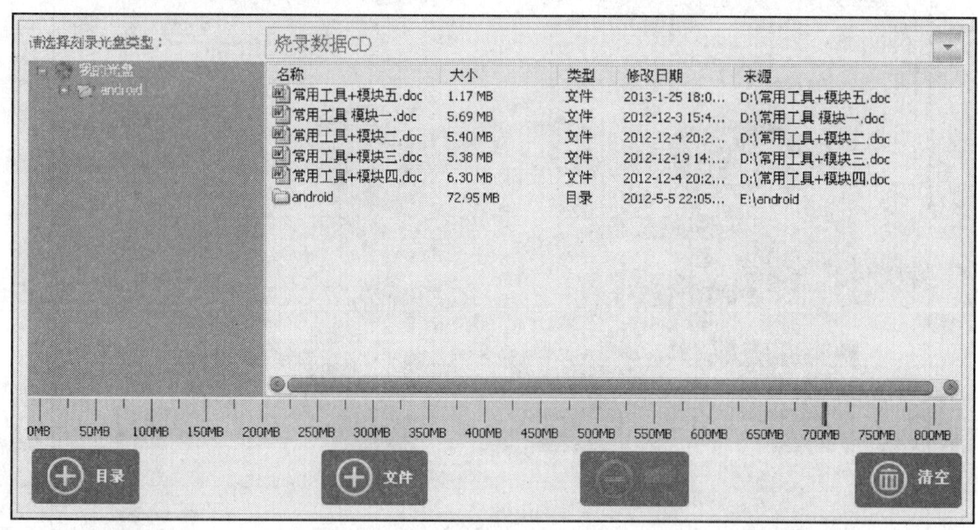

图5.1.6　添加目录和文件后的界面

第三步：选好数据后，单击“下一步”按钮，选择刻录光驱并设置刻录参数，如图 5.1.7 所示。

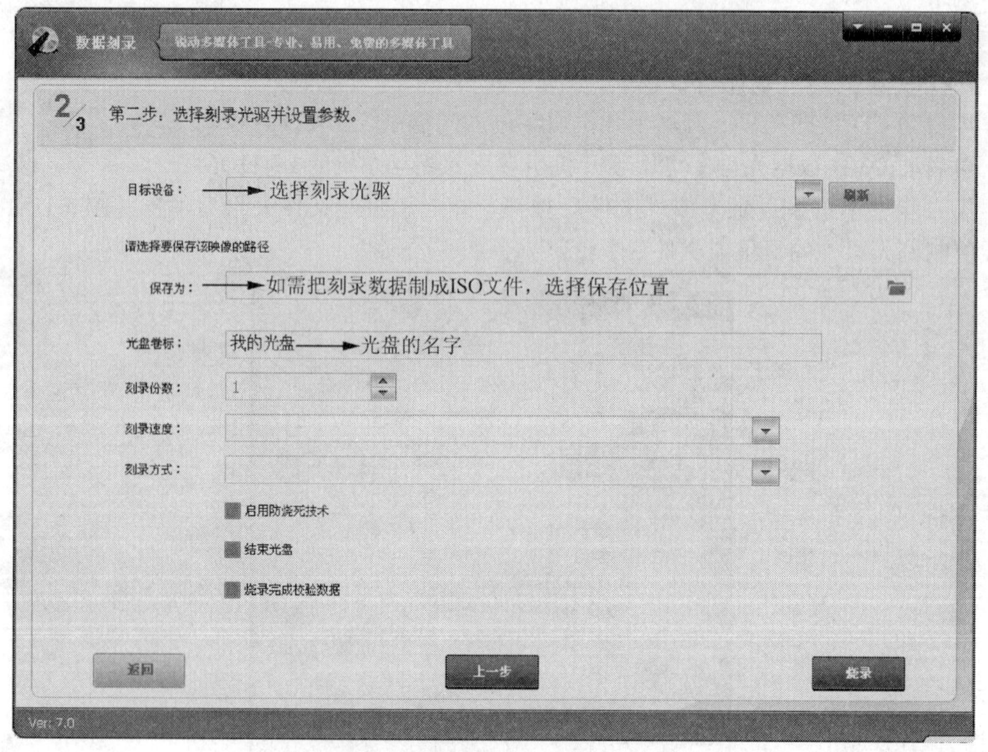

图5.1.7　数据刻录向导2

第四步：设置好后，单击“烧录”按钮，开始把数据复制到光盘里，如图 5.1.8 所示。

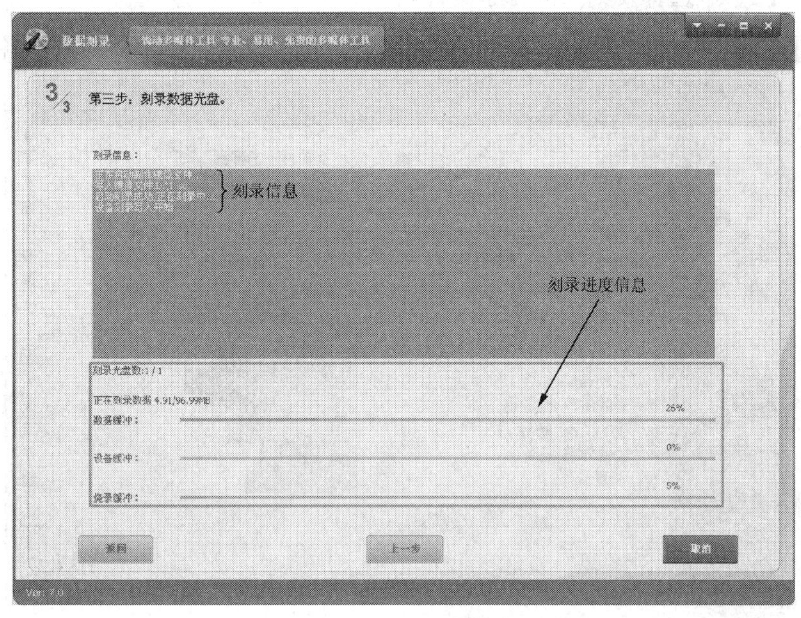

图5.1.8　数据刻录向导3

最后，当刻录完后，会自动弹出“记录数据 CD/DVD”对话框，如图 5.1.9 所示。

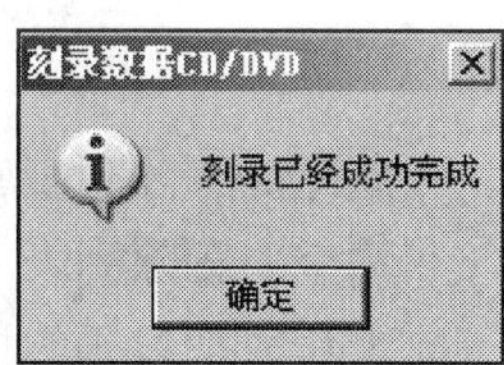

图5.1.9　刻录完成

单击“确定”按钮完成光盘刻录，然后打开光盘，看刻录是否成功。

（2）音乐光盘的制作

第一步：刻录工具—刻录音乐光盘，启动音乐刻录向导（图 5.1.10）。

图5.1.10　刻录音乐光盘向导1

第二步：在音乐类型下拉列表中，选择音乐类型。然后单击“添加”按钮，弹出“打开”对话框（图 5.1.11），选择要刻录的音乐文件。

打开
查找范围(I): Mp3
我最近的文档
桌面
我的文档
我的电脑
网上邻居
Music
歌词
怀旧
轻音乐
God is A Girl.mp3
josoo_395161.wma
LovingYou.mp3
my lover's gone.mp3
PAZZA-INTER.mp3
Sailing.mp3
Soloist.wma
爱的供养 何晟铭.mp3
爱的供养 杨幂.mp3
爱情转移.mp3
冰酒.mp3
不得不爱.mp3
不要再来伤害我.mp3
尘缘.mp3
发如雪.mp3
飞儿-我们的爱.mp3
该死的温柔.mp3
花笼.mp3
花田错.mp3
怀念过去.mp3
寂寞在唱歌.mp3
金莎-星月神话.mp3
卡博罗集市.mp3
康美之恋.mp3
离歌.MP3
李香兰.mp3
文件名(N): "发如雪.mp3" "飞儿-我们的爱.mp3" "该死
文件类型(T): 所有支持的音乐格式
打开(O)
取消

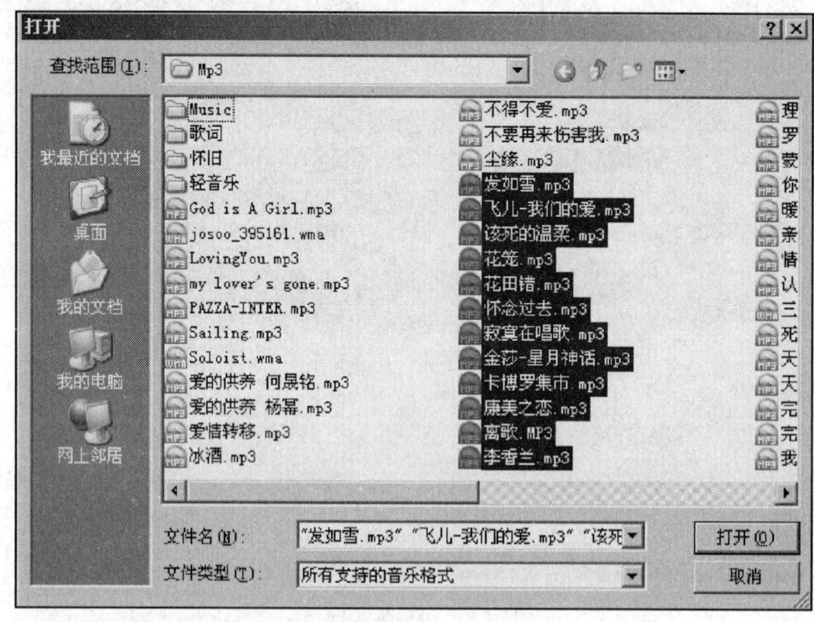

图5.1.11　选择音乐文件

删除：删除列表中不希望刻录的音乐文件。

清空：删除列表中所有的音乐文件。

上移：把音乐的播放顺序提前。

下移：把音乐的播放顺序挪后。

第三步：选好音乐文件后，单击“打开”按钮，所有选择的音乐出现在刻录列表（图 5.1.12）中。

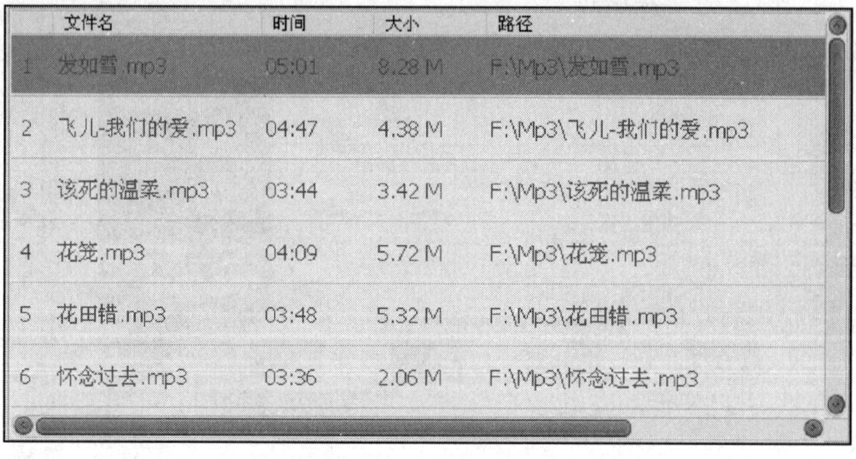

文件名 时间 大小 路径
1 发如雪.mp3 05:01 8.28 M F:\Mp3\发如雪.mp3
2 飞儿-我们的爱.mp3 04:47 4.38 M F:\Mp3\飞儿-我们的爱.mp3
3 该死的温柔.mp3 03:44 3.42 M F:\Mp3\该死的温柔.mp3
4 花笼.mp3 04:09 5.72 M F:\Mp3\花笼.mp3
5 花田错.mp3 03:48 5.32 M F:\Mp3\花田错.mp3
6 怀念过去.mp3 03:36 2.06 M F:\Mp3\怀念过去.mp3

图5.1.12　刻录列表

第四步：所有音乐添加完毕后，可以改变播放顺序，然后单击“下一步”按钮，进行刻录光驱和路径选择，如图 5.1.13 所示。

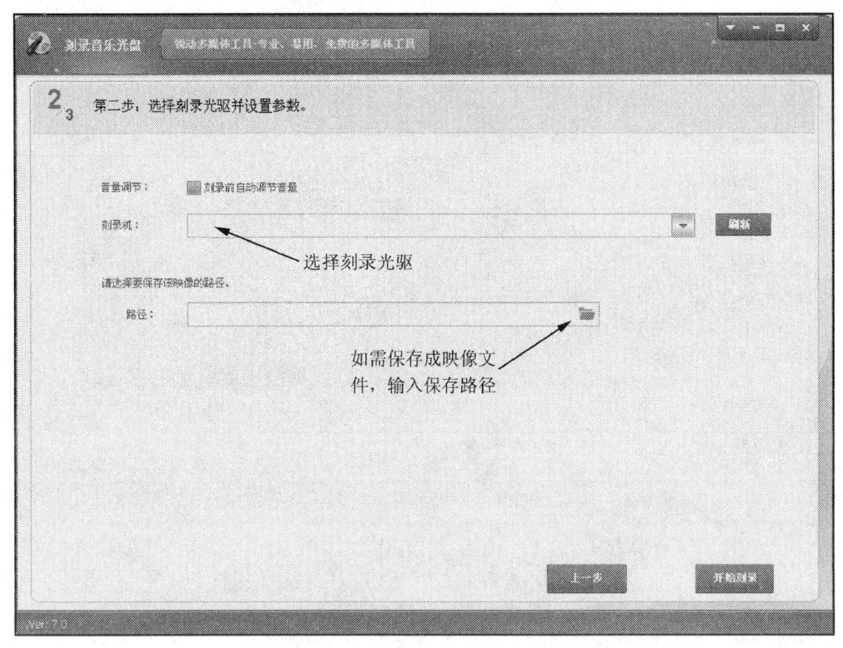

图5.1.13 刻录音乐光盘向导2

第五步：选择好刻录光驱后，单击“开始刻录”按钮，进行刻录（图 5.1.14），最后音乐 CD 就制作好了。

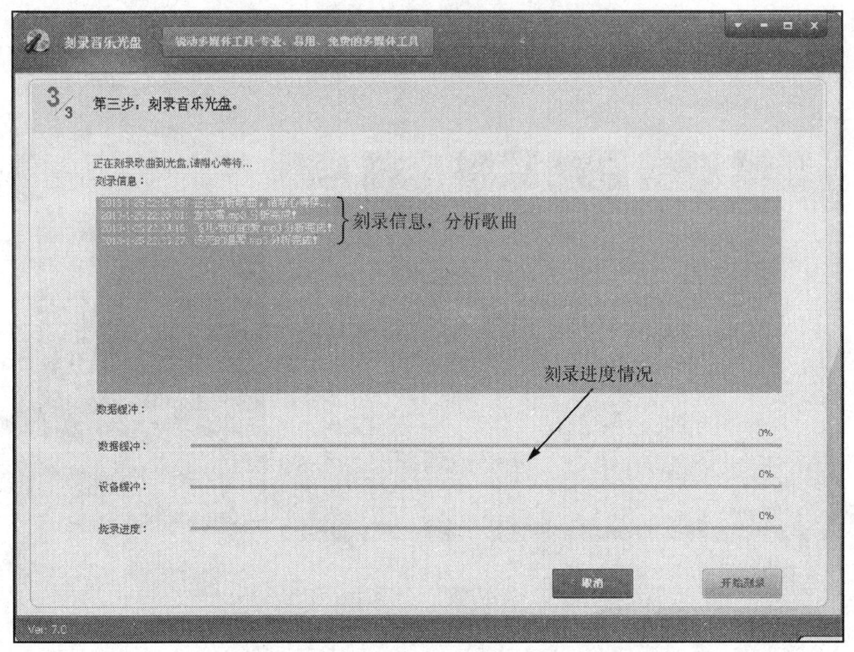

图5.1.14 刻录音乐光盘向导3

（3）视频光盘的制作

第一步：视频工具—制作影视光盘，启动视频刻录向导（图 5.1.15）。

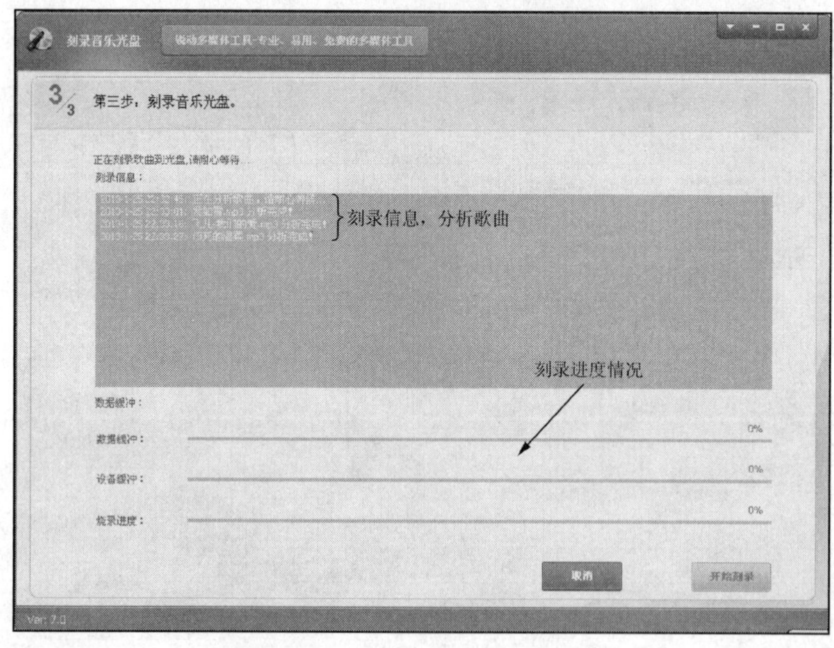

图5.1.15 视频刻录向导1

第二步：选择好光盘类型、光盘制式等参数后，单击“下一步”按钮，进入到添加视频界面，如图 5.1.16 所示。

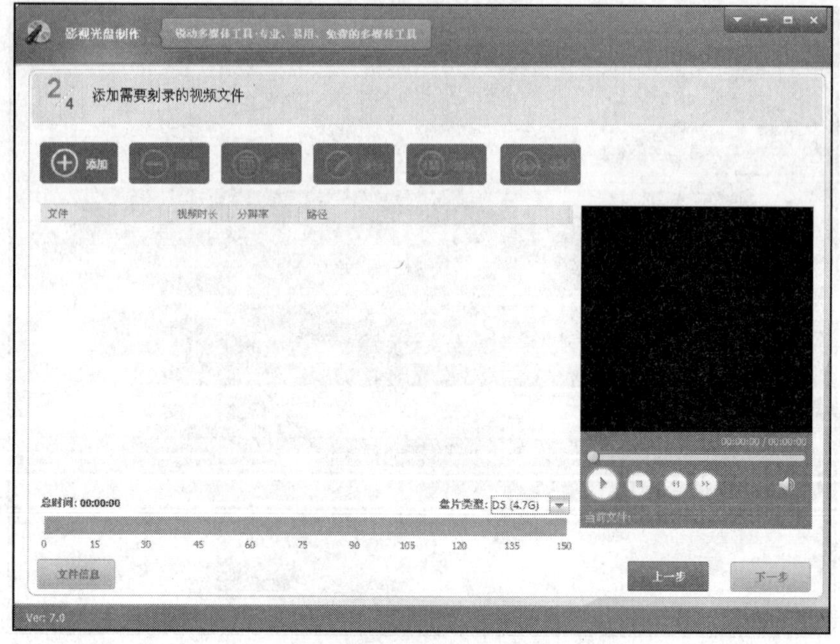

图5.1.16 视频刻录向导2

第三步：单击“添加”按钮，选择要刻录的视频文件，如图 5.1.17 所示。

打开
查找范围(I):
葫芦娃
01神峰奇遇.rmvb
02七色葫芦.rmvb
03误入泥谭.rmvb
04梦宫迷境.rmvb
05绝路逢生.rmvb
06钢筋铁骨.rmvb
07水火奇功.rmvb
08酒酣心冰.rmvb
09幽谷采莲.rmvb
10捕风捉影.rmvb
11七夺如意.rmvb
12妖迷心窍.rmvb
13七子连心.rmvb
我最近的文档
桌面
我的文档
我的电脑
网上邻居
文件名(N):
01神峰奇遇.rmvb
文件类型(T):
All Support Files
打开(O)
取消

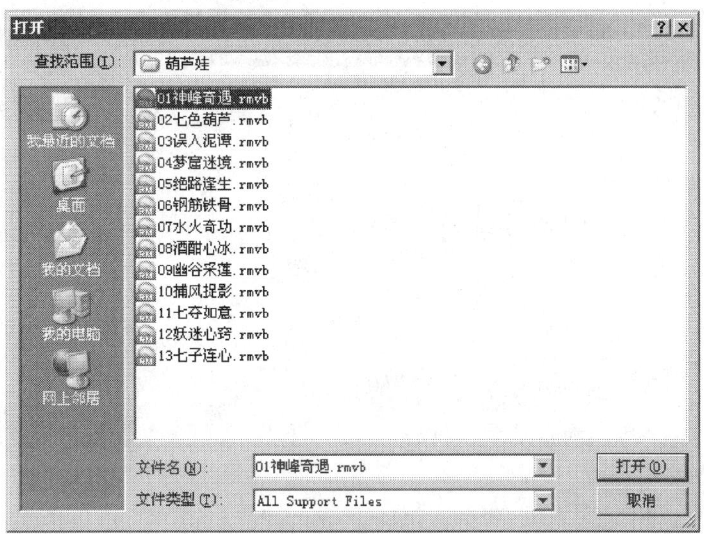

图5.1.17　添加视频文件

单击“打开”按钮，把选择的视频文件，添加到播放列表（图 5.1.18）中。

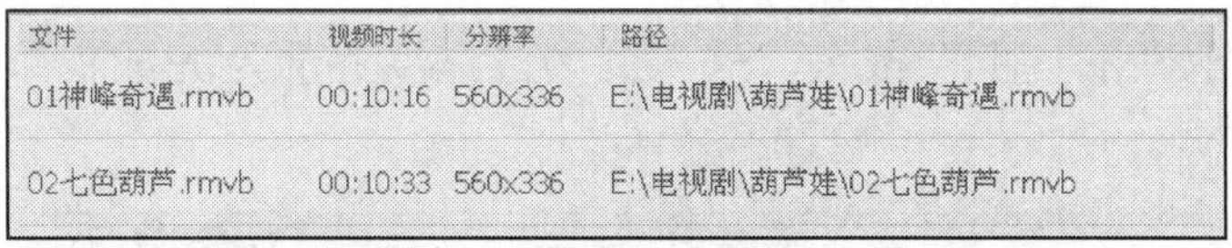

文件
视频时长
分辨率
路径
01神峰奇遇.rmvb
00:10:16
560x336
E:\电视剧\葫芦娃\01神峰奇遇.rmvb
02七色葫芦.rmvb
00:10:33
560x336
E:\电视剧\葫芦娃\02七色葫芦.rmvb

图5.1.18　播放列表

单击“菜单”按钮，进入编辑菜单（图 5.1.19），可以设置 DVD 引导画面等。

编辑菜单
3434
PepSky
01神峰奇遇.rmvb
02七色葫芦.rmvb
Menu 2
Menu 3
Menu 4
葫芦兄弟
F:\Mp3\Music\Turni
动态菜单

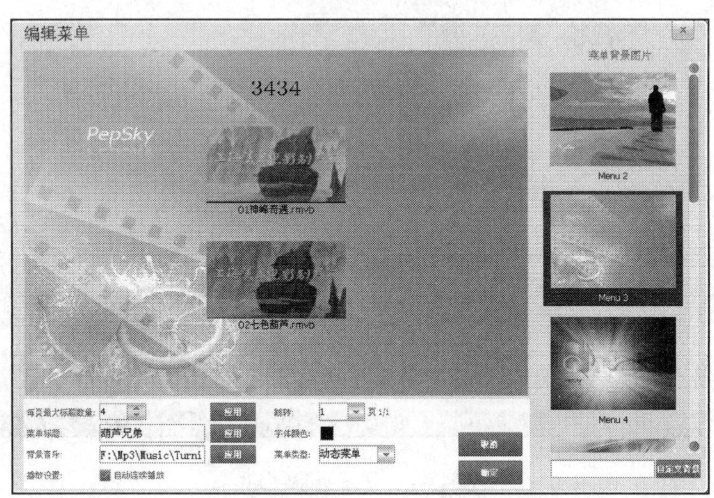

图5.1.19　编辑菜单

设置完成后，单击“确定”按钮，完成引导画面的制作。

第四步：在添加视频界面中，单击“下一步”按钮，进入光驱选择界面，如图 5.1.20 所示。

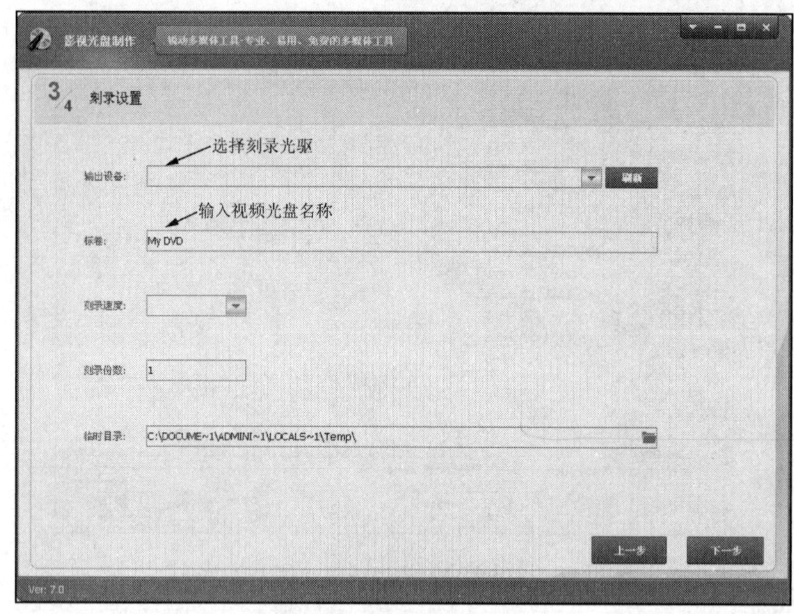

图5.1.20　视频刻录向导3

第五步：单击“下一步”按钮，进入到刻录进度界面，完成视频光盘的刻录，如图 5.1.21 所示。

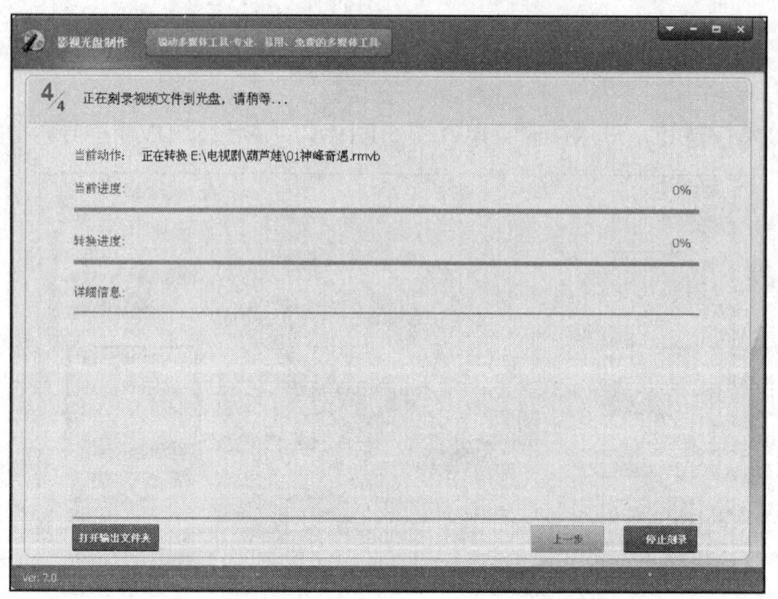

图5.1.21　视频刻录向导4

（4）光盘复制

第一步：刻录工具—光盘复制，启动光盘复制向导（图 5.1.22）。

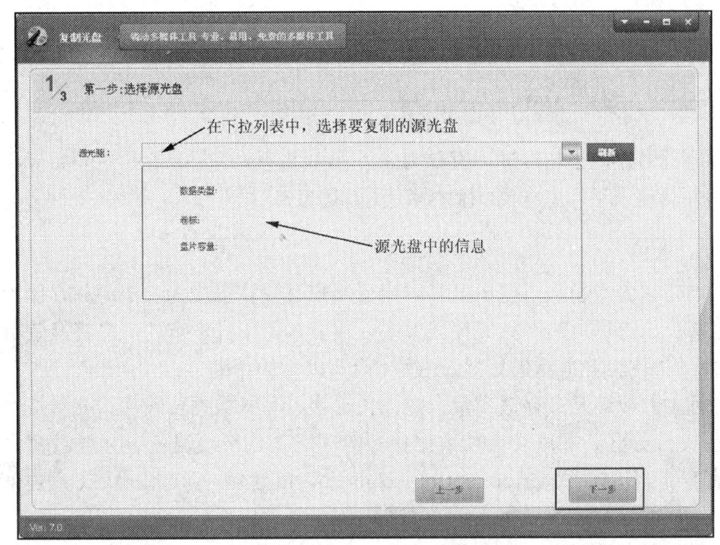

图5.1.22　光盘复制向导1

第二步：选择好要复制的源光盘后，单击“下一步”按钮，选择刻录光驱（图 5.1.23）。最后单击“复制盘片”，就开始复制光盘了。

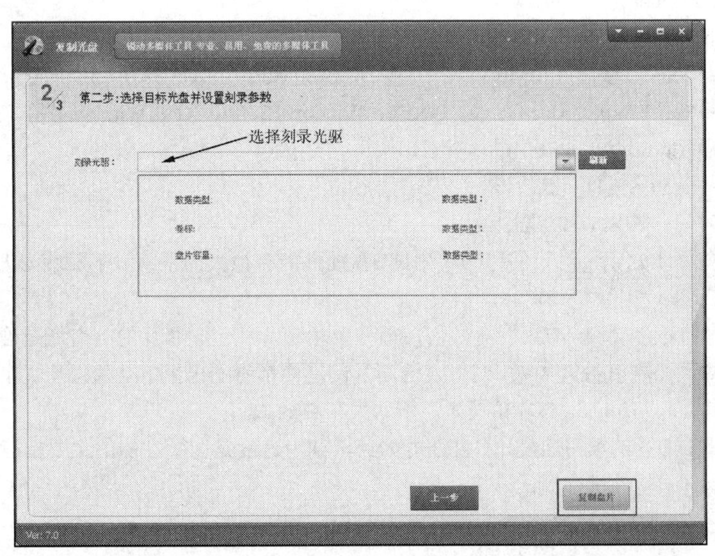

图5.1.23　光盘复制向导2

小　结

在使用计算机的过程中，我们经常会用到光盘，有时还需要刻录光盘，本项目我们学习了“光盘刻录大师”使用方法，学习了数据光盘的制作、音乐光盘的制作、视频光盘的制作、光盘的复制，这都是我们在刻录光盘时常用的操作。市面上有些光盘的质量并不是很好，为了防止刻错，大家在设置刻录速度时，尽量不要选择最快。

项目二 U盘检测

案例导入

小刘最近买了个U盘，小巧玲珑，存储海量。小刘并不知道该U盘的性能如何，打算用软件检测一下，但又不知从何入手，怎样的U盘才算是好U盘呢？

■ 分析

U盘的外观小巧，容量超强，便于携带，深受用户喜爱。已成为主流的外存储设备，但我们对U盘的知识知之甚少，市场上的产品又种类繁多，性能参差不齐，有的产品甚至鱼目混珠。了解一些U盘的知识对我们甄别U盘质量的好坏及选购U盘有很大的帮助。

U盘性能指标主要应该是：存储容量、数据传输率、写入数据传输率、支持接口类型、支持的操作系统、是否支持分区、加密功能、数据保存时间、工作环境温度、存放温度、运行相对湿度等。高端的还有智能纠错技术（error control technique，ECT）：通过固化在U盘内部的数据纠错软件，在数据写入时，自动调用系统对写入数据即时巡检，并同原始数据进行核对。

存储容量：现在U盘的主流存储容量有4GB、8GB、16GB、32GB等。

数据传输率：现在U盘主流都采用USB2.0接口，理论上能提供480Mb/s的数据传输率，但在实际应用中会因为某些客观的原因，如存储设备采用的主控芯片、电路板的制作质量是否优良等，而减慢了在应用中的传输速率。目前主流的U盘数据传输率为10～20MB/s（注意：大写的B与小写的b有8倍关系，20MB/s等于160Mb/s）。

写入数据传输率：数据写入比读出要慢得多，一般为4～10MB/s。

支持接口：USB1.1接口（12Mb/s）、USB 2.0（480Mb/s）、USB3.0（5Gb/s）。

支持操作系统：Linux、Mac OS X、UNIX、Windows 2000、XP、Windows7等。

工作环境温度：－40～＋70° C。

保存温度：－50～＋80° C。

数据保存时间：长久（10年以上）。

掌握了这些基本知识，对我们选购和测试U盘的性能有很大的帮助，下面就为大家推荐几款常用的U盘测试工具。

首先是U盘的芯片检测，U盘性能如何，最主要由芯片决定。芯片的制造商是谁、芯片型号是什么，我们要做到心中有数。如果一个U盘连芯片制造商都看不出来，就值得担忧了。在这里我们推荐一款小工具Chip Genius（芯片精灵），帮助大家测试。

其次就是测试U盘的读写速度，U盘性能如何，读写速度是衡量性能的主要指标之一，我们为大家推荐MyDiskTest软件进行测试。

芯片测试软件：ChipGenius

1. 软件介绍

ChipGenius 是一款 USB 设备芯片型号查询工具，可以自动查询 U 盘、MP3/MP4、读卡器、移动硬盘等的主控芯片型号、制造商、品牌并提供相关资料下载地址。当然也可以查询 USB 设备的 VID/PID 信息、设备名称、序列号、设备版本等。

2. 软件体验

为了能通过软件查看到测试结果的对比情况，特意插入两个 U 盘。

第一步：插入要测试的 U 盘，在“我的电脑”中能看到已识别的两个 U 盘（图 5.2.1）。

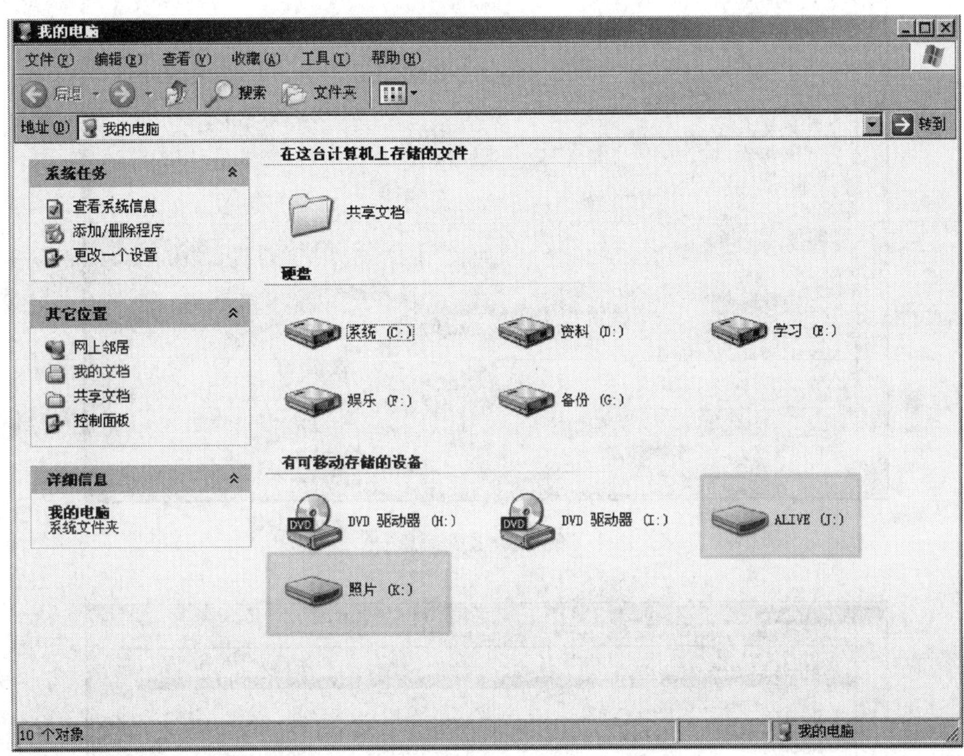

图5.2.1 插入U盘

第二步：双击并启动工具软件 Chip Genius（图 5.2.2）。

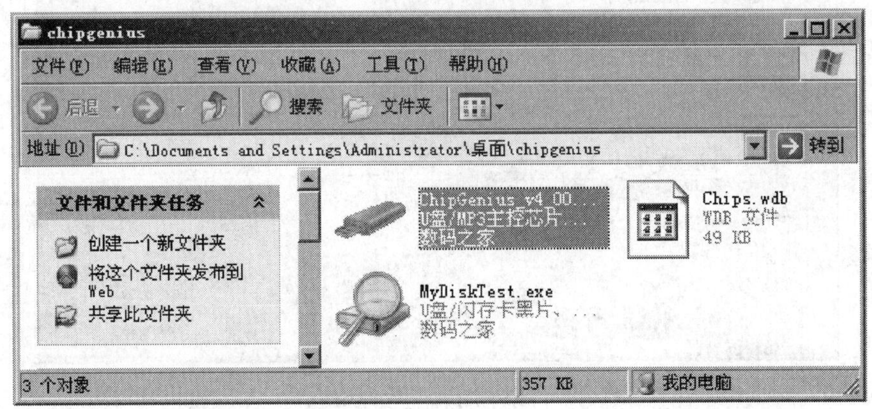

图5.2.2 启动ChipGenius

第三步：当软件启动后，就能自动检测 USB 接口上的芯片情况，K 盘的情况如图 5.2.3 所示，J 盘的情况如图 5.2.4 所示。

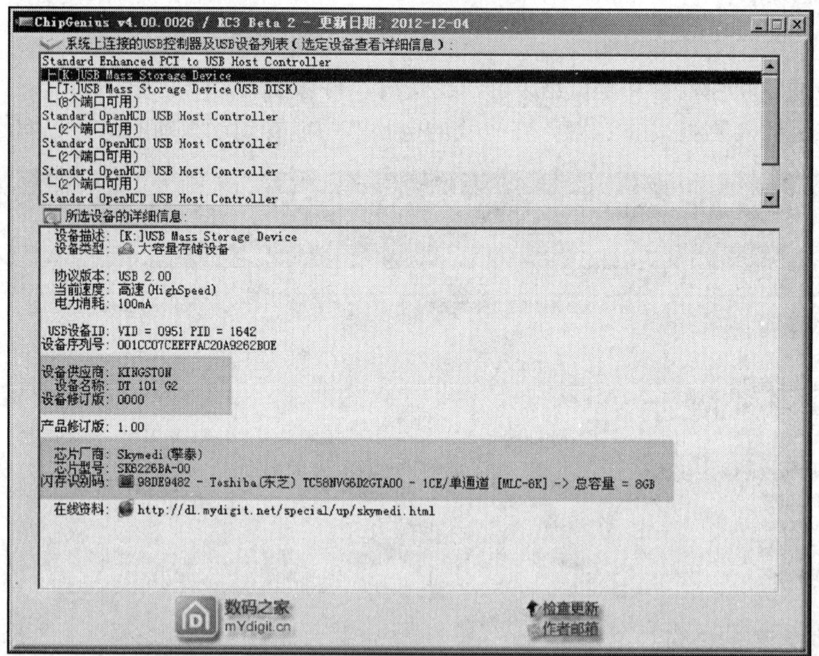

图5.2.3 K盘信息

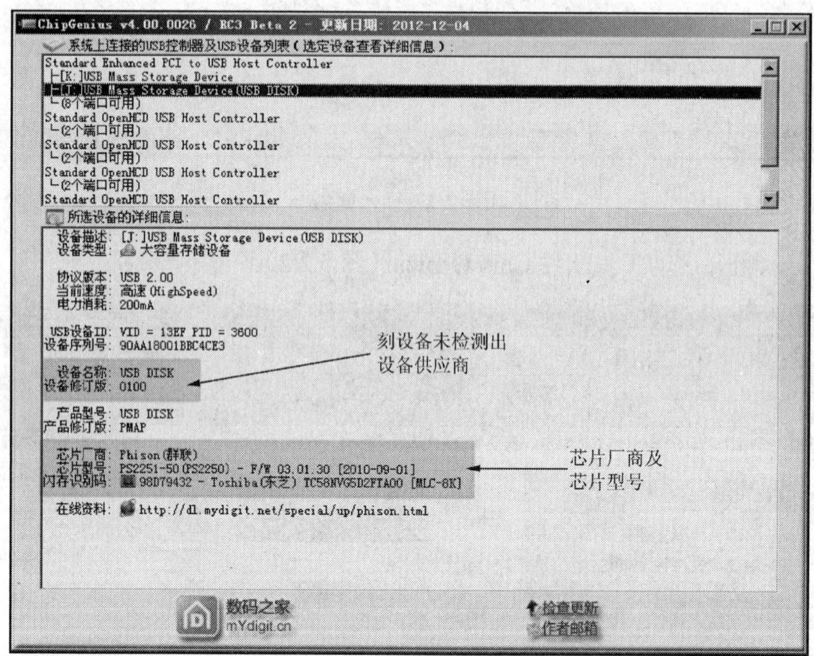

图5.2.4 J盘信息

该工具的使用非常简单，但功能很实用。不用拆机即可查询U盘的芯片型号，快速找到对应的量产工具。以此判断该U盘是否为假货，认我们买到更放心的产品。另外还可以根据找到的芯片型号，上网查阅其性能。

U盘速度测试软件：MyDiskTest

1. 软件介绍

MyDiskTest是一款集五大功能于一身的U盘扩容检测工具，有扩容检测、坏块扫描、速度测试、老化测试、坏块屏蔽的功能。

它还是一款U盘/SD卡/CF卡等移动存储产品扩容识别工具，可以方便地检测出存储产品是否经过扩充容量，以次充好。也能检测Flash闪存是否有坏块，是否采用黑片，不破坏磁盘原有数据，并可以测试U盘的读取和写入速度。是挑选U盘和存储卡必备的工具。

2. 软件体验

为了能通过软件查看测试结果的对比情况，同样我们还是特意插入两个U盘：J盘和K盘。

第一步：插入要测试的U盘，在“我的计算机”中能看到已识别的两个U盘。

第二步：双击并启动工具软件MyDiskTest（图5.2.5）。

第三步：首先在下拉列表中，选择要测试的U盘，我们先测试J盘，然后选择坏块测试，测试方法有两种：快速扩容测试及数据完整性校验（图5.2.6）。

第四步：选择好后，单击“立即开始测试此驱动器”按钮，开始测试，如果如图5.2.7所示。

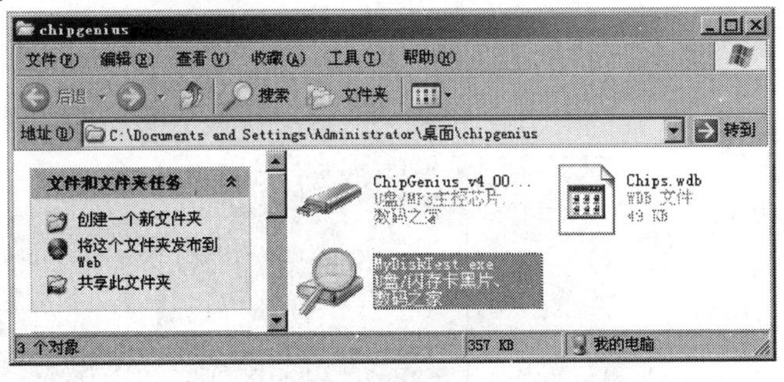

图5.2.5　启动软件

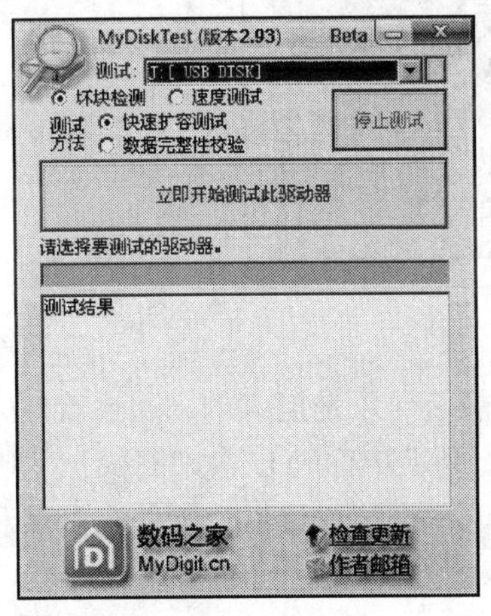

图5.2.6　坏块测试

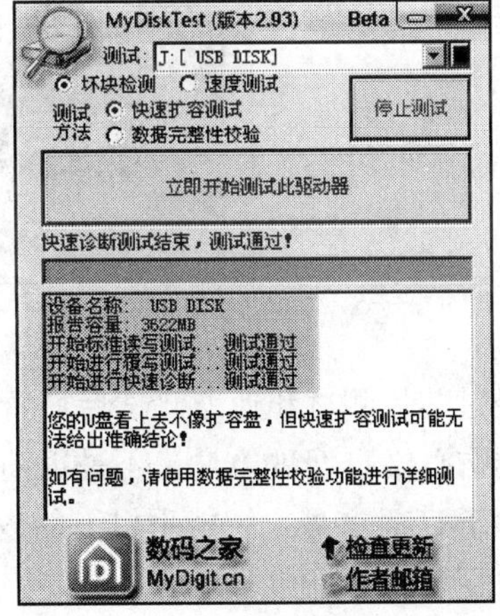

图5.2.7　J盘测试结果

经过同样的步骤，K盘的测试结果如图5.2.8所示。

第五步：单击“速度测试”选项，先测试J盘，然后测试K盘，其结果分别如图5.2.9和图5.2.10所示。

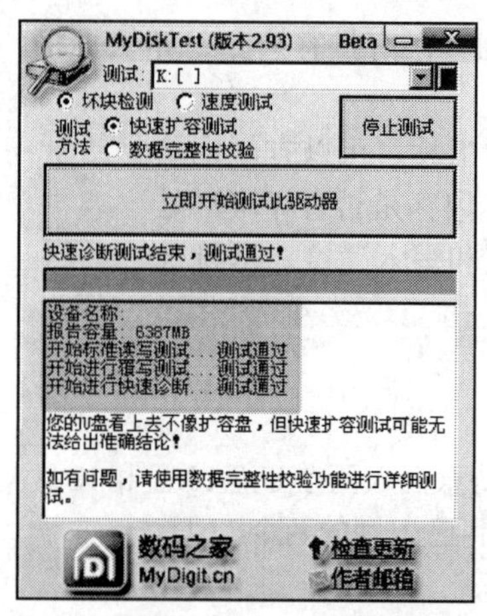

图5.2.8 K盘测试结果

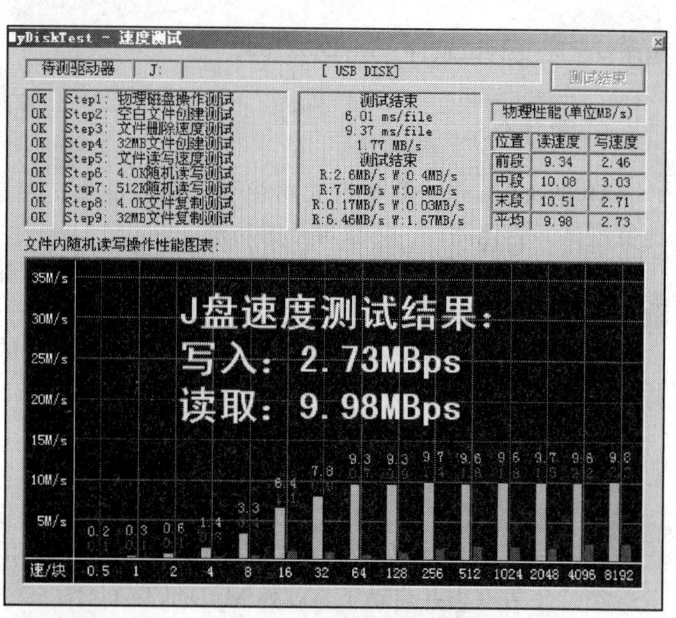

图5.2.9 J盘速度测试结果

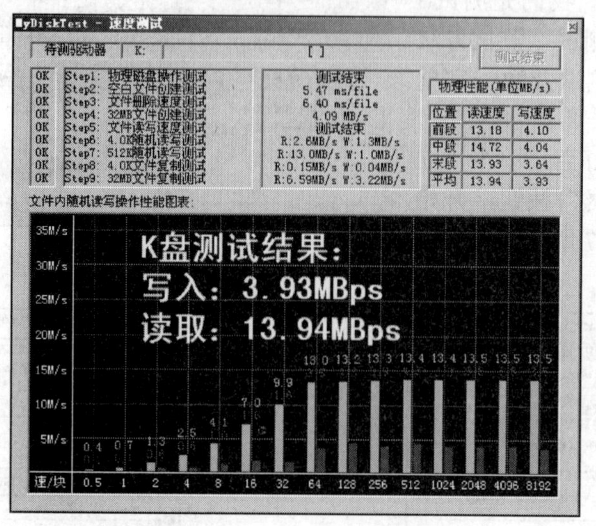

图5.2.10 K盘速度测试结果

经过芯片测试和速度测试后，看来两款U盘的性能差异还是挺大的。通过软件来测试然后选购心仪U盘的方法是不是很简单，你学会了吗？马上把你的U盘来测试一下吧。

除了U盘之外，智能手机上的内存卡使用也很普遍，也能通过以上软件来测试和选购手机内存卡。

小结

本项目我们了解到外储器的性能指标等特点，另外学习了如何用软件对外存的芯片和速度进行测试，灵活运用这些知识，对我们选购U盘等外存有很大的帮助。

模块六 网络工具

项目一 流量检测

案例导入

小刘最近对自家的网络产生了怀疑，总觉得带宽不足，小刘安装的是电信宽带，带宽是4Mb/s，但下载的速度通常只有200多KB/s，甚至觉得可能有人在蹭自家的网络。

■ 分析

网络已成为人们生活和工作不可缺少的一部分，但我们大多数人，对网络知识都处于一片空白。像案例中提到的电信带宽4M，其实是指的是4Mb/s，而我们通过下载软件看到的一般是KB/s，200KB/s对应的带宽应该是：200*8Kb/s（1B字节＝8b位），即1.6M左右。

作为非计算机网络专业人士，有没有什么工具能帮我们简单有效地判断网络的带宽，有没有蹭网及流量的使用情况呢？

今天我们带来的工具就能达到以上需求，同样也是出自360旗下的一款小软件，叫作360流量防火墙。

流量检测软件：360流量防火墙

1．软件介绍

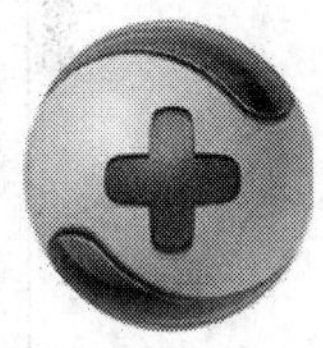

360 流量防火墙，是 360 安全卫士下的具有独立功能的一款流量检测软件。简单易懂的操作界面，就算没有任何计算机网络基础，也能看得明白，并且做出相应的应对策略，这对宽带非包月或使用 3G 上网的用户来说，起着非常关键的作用。

2．主要功能

管理网速：管理软件的上网速度，看网页、看视频、玩网络游戏前，可通过“管理”限制占网速的访问，加快上网速度。

网络体检：全面了解网络的使用情况，并可以一键修复发现的网络问题。

保护网速：保护网页浏览器，避免受到下载软件的影响，导致打开网页很慢。

局域网防护：保护在局域网中的上网安全。

3G 小助手：让 3G 流量使用得明明白白。

防蹭网：防止别人非法连入自己的网络，而导致占用网络带宽。

网络连接：查看计算机上所有当前正在使用网络的软件，以及状态信息、是否安全等。

测网速：测试当前网络带宽、网页打开速度、网速排行等。

3. 软件体验

图6.1.1 悬浮窗口

图6.1.2 程序列表

首先，启动“360 安全卫士”，这个时候，会在桌面上显示一个悬浮小窗口，显示了当前网络的下载和上传流量使用情况，这是一个总的概况。如图 6.1.1 所示。

绿色箭头：表示下载流量（KB/s）。

黄色箭头：表示上传流量（KB/s）。

然后，在悬浮小窗口上单击，会自动弹出网络流量监控窗口，显示了当前已使用的总的网络流量、最占网速的程序列表，如图 6.1.2 所示。

接下来，我们来学习具体的操作。

（1）管理网速

双击“悬浮小窗口”，会打开 360 流量防火墙，如图 6.1.3 所示。

图6.1.3 360流量防火墙

我们可以根据这张图，对网络的使用情况了如指掌，“管理网速”选项卡，包含了以下功能：

1）安全等级：该网络程序是否安全。

2）连接数：该网络程序所打开的连接数量。

3）已下载和上传总流量。

4）当前下载和上传即时速度。

5）上传和下载限速情况。

如果我们需要对某款网络软件进行限速，可以单击“管理”按钮，进行设置并限制该软件上传和下载的速度。例如，不希望某款软件联网，可以单击管理按钮，选择“禁止访问网络”（图 6.1.4）。

（2）网络体检

当我们对当前网络不明确是否安全的时候，我们可以先做个体检，选择“网络体检”选项卡，如图 6.1.5 所示。

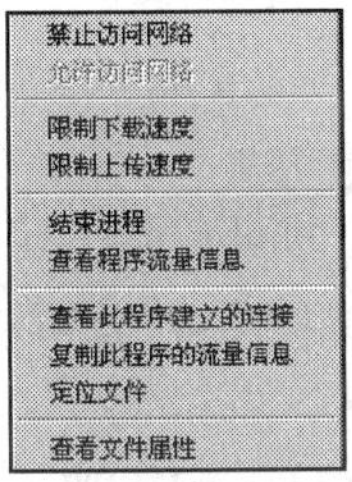

禁止访问网络
允许访问网络
限制下载速度
限制上传速度
结束进程
查看程序流量信息
查看此程序建立的连接
复制此程序的流量信息
定位文件
查看文件属性

图6.1.4 管理选项

图6.1.5 网络体检界面

单击“立即体检”按钮开始网络配置扫描，扫描完成后，检测存在的安全隐患，给出修护建议，一键修复（图 6.1.6）。

图6.1.6 网络体检结果

（3）保护网速

在浏览精彩的网页内容时，页面加载的速度却十分慢，原来是某个程序正在下载数据。如果想避免干扰，可以切换到“保护网速”选项卡，如图 6.1.7 所示。

图6.1.7 保护网速主界面

开启方法很简单，选择对应的浏览器，单击“自动保护网速”按钮即可。除了可以保障网页浏览，还可以保障在线游戏的带宽，只需单击“玩游戏”按钮，选择相应游戏就可以了。

（4）局域网防护

什么是局域网？简单地说，如果多台计算机都是通过同一个宽带账号上网，那么就处于同一局域网中。为什么要开启局域网防护呢？主要有以下几点原因：

1）网络木马会进行网络攻击，造成局域网内频繁掉线、IP 冲突，使网络产生较大延时，时快时慢，极不稳定。

2）局域网攻击会窃取个人隐私（聊天记录、照片等），盗取银行或聊天账号，非法控制网络访问行为等。

单击“立即开启”按钮（图 6.1.8），开启局域网网络保护，如图 6.1.9 所示。开启成功后，如图 6.1.10 所示。

图6.1.8 局域网防护主界面

图6.1.9　开启局域网防护

图6.1.10　局域网防护开启成功

（5）3G 小助手

如果是使用 3G 上网卡上网，3G 小助手是不可缺少的，它能让你了解每天的流量使用情况，以及剩余的总流量，还能开启“防止流量超额”。

首先切换到“3G 小助手”选项卡，然后选择 3G 套餐运营商及套餐类型，如图 6.1.11 所示。

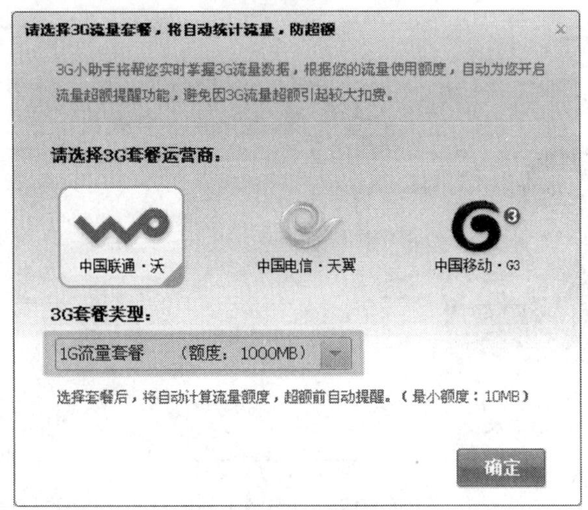

图6.1.11　选择3G套餐运营商

选择完成后单击“确定”按钮，如图 6.1.12 所示。

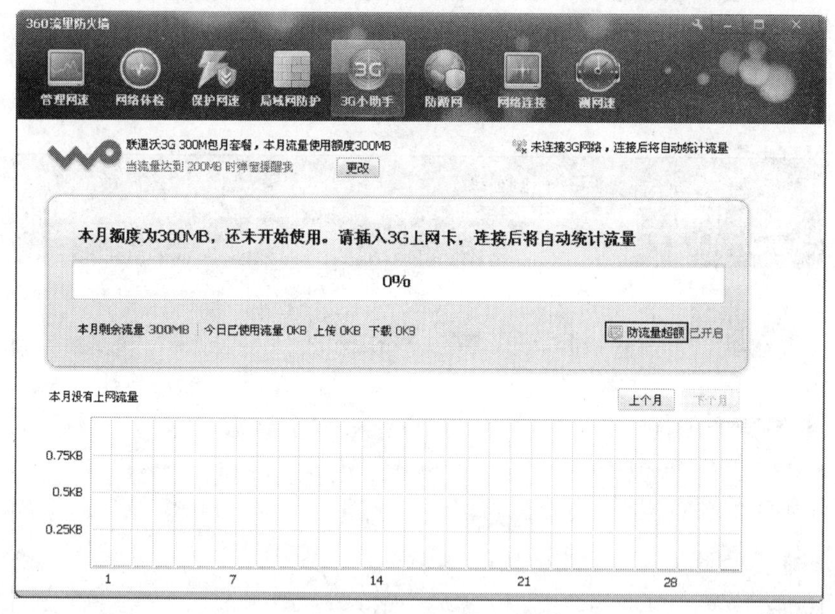

图6.1.12　流量统计情况

（6）防蹭网

无线路由器的普遍使用，也让蹭网者有了可“蹭”之机，除了给无线路由设访问密码之外，还有什么有效方法呢？“防蹭网”工具是一个不错的选择，如图 6.1.13 所示。

单击“立即启用”按钮，检测结果如图 6.1.14 所示。

图6.1.13　防蹭网主界面

图6.1.14　检测结果

（7）网络连接

浏览网页、下载、聊天、玩网络游戏时会建立网络连接，用来完成与对方建立联系及数据传送，可以查看和管理网络连接，提高网络安全性。如图 6.1.15 所示。

360流量防火墙

管理网速　网络体检　保护网速　局域网防护　3G小助手　防蹭网　网络连接　测网速

当前有 10 个程序已连接或尝试连接网络，共建立 27 个连接，暂未发现可疑程序存在。 ←—— 网络连接情况

看网页、下载、聊天、玩网络游戏时会建立网络连接，用来完成与对方的联系和数据传送。您可以查看和管理连接，提高网络安全性。

进程	安全等级	协议	本地IP	本地端口	目标IP	目标端口	目标IP归属地	状态	管理
360netman.exe	安全	UDP	127.0.0.1	4858	0.0.0.0	0			
360rp.exe	安全	UDP	0.0.0.0	1063	0.0.0.0	0			
360rp.exe	安全	UDP	0.0.0.0	1065	0.0.0.0	0			
360tray.exe	安全	UDP	0.0.0.0	1028	0.0.0.0	0			
360tray.exe	安全	UDP	0.0.0.0	3600	0.0.0.0	0			
360tray.exe	安全	UDP	127.0.0.1	1072	0.0.0.0	0			
QQ.exe	安全	UDP	0.0.0.0	1173	0.0.0.0	0			
QQ.exe	安全	UDP	0.0.0.0	1175	0.0.0.0	0			
QQ.exe	安全	UDP	0.0.0.0	1176	0.0.0.0	0			
QQ.exe	安全	UDP	0.0.0.0	1177	0.0.0.0	0			
QQ.exe	安全	UDP	0.0.0.0	1185	0.0.0.0	0			
QQ.exe	安全	UDP	0.0.0.0	4000	0.0.0.0	0			
QQ.exe	安全	UDP	0.0.0.0	4001	0.0.0.0	0			
QQ.exe	安全	UDP	0.0.0.0	4002	0.0.0.0	0			

显示本地连接　自动刷新　刷新　结束进程

图6.1.15　360流量防火墙

在 360 流量防火墙的工程师介绍，目前最占用带宽的软件主要有以下五大类。

1）视频网站加速器。这类程序在用户在线观看时能享受到酣畅淋漓的快感，但是当退出播放模式后仍然会消耗流量。

2）网络音乐播放软件。网络音乐播放软件在播放歌曲的同时要占用一定的网速，同时要获取歌曲的一些详细信息，一般来说，这种软件会占用 15% ～ 23% 的带宽。

3）P2P 下载软件，如电驴、快车、旋风，这类 P2P 程序在下载的同时，用户的计算机还要做主机上传，即使没有下载任务，依然会消耗网络流量。

4）即时通信工具，如 QQ、MSN、Skype。很多用户都有开机登录 QQ 的习惯，但很少有人知道，即便不聊天也会有流量消耗。

5）软件的自动更新升级。很多的工具软件默认情况下是开启了自动更新，一旦检测到有补丁程序或新版本出现，就会在后台自动更新升级，从而带来巨大的流量消耗。

（8）测网速

我们来看看网速情况，看是否与网络提供商所分配的带宽相同。单击“测网速”按钮，打开“宽带测速器”窗口，会自动地测试网速，如图 6.1.16 所示。

下面是测试结果及对比分析情况，在测试网速时，一定要停止当前的所有网络活动，否则会占用带宽，测出来的结果就不准确，另外，网络的拥塞情况在不同时段也不同，所以可以多测几次求出平均值，这样更为准确一点。图 6.1.17 为网速测试结果。

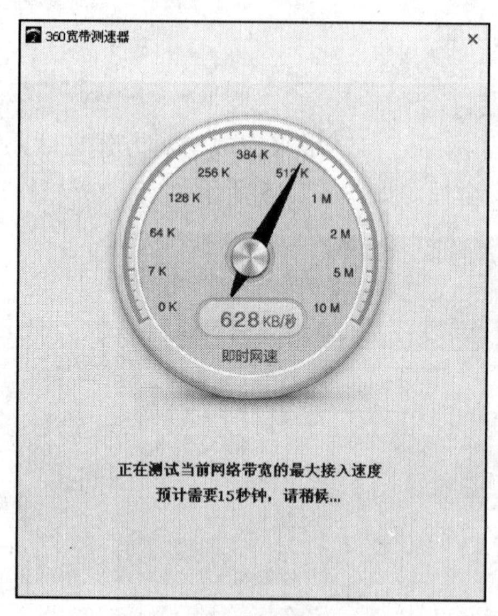

图6.1.16　测试网速

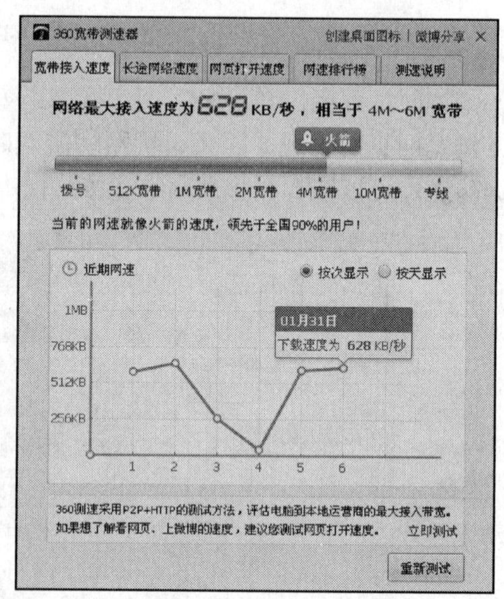

图6.1.17　测试结果

小　结

上网时，我们有时会发现网速莫名其妙地变慢或者 3G 流量不知不觉就超了，以往对这些问题我们一筹莫展。学习完本项目后，我们知道如何用工具来监控流量的使用情况，了解有哪些应用软件正在使用网络，当前产生了多少流量，还可以对其进行管理，选择性地关闭或限速。我们学会了使用软件对网络进行体检，及时掌握当前网络的性能，并作出相应的解决办法。

项目二 远 程 控 制

案例导入

小刘常常需要在家加班，但把办公室计算机上的资料拷来拷去又不方便；偶尔还要出差，也不能操作办公室的计算机。这让小刘很无奈，如果能远程操作计算机该有多方便呀！

分析

远程办公已不是梦想，下面我们要介绍的软件能让你在世界任何一个有网络的角落，操作家里或办公室的计算机，甚至用智能手机也能操作计算机。你可以随时把办公室“移动”到任何你想去的位置，无论是出差旅游还是在家，轻松操作几步手机、平板就能远程控制计算机，轻松实现移动办公，你不仅能能拥有办公室办公的体验还能让办公融入到我们的生活中，在办公的同时还能体验娱乐，完美的劳逸结合，舒适的环境能激发无限的灵感，有效的提高工作效率，实现事倍功半。另外，远程文件传输功能可以很方便地把远端计算机上的资料传输过来，让你再也不用为拷漏资料而折返了。这么神奇的软件，我们就赶快分享吧。

远程控制软件：GoToMyCloud

1. 软件介绍

GoToMyCloud是云舒自主研发的远程计算机操作应用，采用的是软件＋硬件的远程接入模式。

用户可以永久免费下载使用纯软件版GoToMyCloud，对远程计算机进行自由操作，犹如操作本地计算机一样方便、快捷。

用户也可以使用纯软件版GoToMyCloud配合CSK300云舒远程硬件开关机卡，按照自己的意愿随时、随地对远程计算机进行开关机及其他操作。

GoToMyCloud有个人计算机、Android和iOS版本，不仅可以让您从本地个人计算机上操作远程个人计算机，还可以从Android智能手机、Android平板计算机、iPhone、iPad等智能终端操作远程个人计算机。真正实现移动办公，随时随地安全可靠地远程操作办公室或家里的个人计算机。

2. 软件功能

1）远程访问：只需下载安装GoToMyCloud客户端，就可以从世界上任何连上网络的个人计算机上远程接入远端个人计算机，方便快捷。

2）远程操作：当连接到远程个人计算机上，就可以同步观看被控个人计算机的屏幕，使用本地鼠标、键盘对被控个人计算机的文件、程序等进行操作，犹如操作本地个人计算机一样。

3）文件传输：远程文件传输功能可以很方便地把远端计算机上的资料传输过来，也可以把本地计算机上的资料传输到远端计算机上。

4）手机远程操作：出差办公，住酒店，在咖啡厅，只需带上手机，就可以随时获取远程计算机上的文件，真正实现移动办公，精彩生活。

5）资料同步：可以在远端个人计算机上指定一个文件夹与手机或近端个人计算机某个文件夹同步，只要手机或近端个人计算机该文件夹内容改变，远端个人计算机上的数据也同步改变了。

3. 软件体验

GoToMyCloud 是一款永久免费使用的远程控制软件，首先输入网址：http://www.gotomycloud.cn 进入官网进行注册账号，如图 6.2.1 所示。

图6.2.1　注册页面

然后单击“永久免费下载”按钮，进入下载页面，如图 6.2.2 所示。

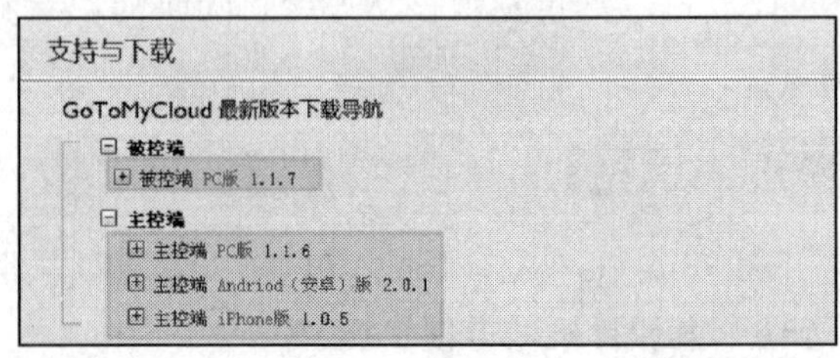

图6.2.2　下载页面

被控端：下载好“被控端”程序后，首先安装在接受远程控制的计算机上。

主控端：“主控端”程序分两种，一种是安装在计算机上的，计算机控制计算机，就下载安装 PC 版；如果是需要手机远程控制计算机，就在手机上下载安装一个 Andriod 版或 iphone 版的主控端程序。

（1）被控端操作

在接受远程控制的计算机上启动被控端程序，如图 6.2.3 所示。

图6.2.3　启动被控端程序

登录成功后，任务栏上 GoToMyCloud 软件的图标由灰色变为绿色，至此被控端已成功启动。

“被控端”启动成功后，就等待手机或计算机对其进行远程控制。

GoToMyCloud 软件的开发商还生产了一种硬件（CSK300 卡），把该硬件卡插在主机上后，还能实现远程开关机，这样就可以不用让受控计算机一直开着，只需远程控制时再开机，节约能源。

（2）主控端操作（计算机）

主控端分两种，一种是计算机作为主控端，另一种是手机作为主控端，首先我们先讲解计算机主控端的操作。

1）远程控制。

第一步：计算机上启动主控端程序，如图 6.2.4 所示。

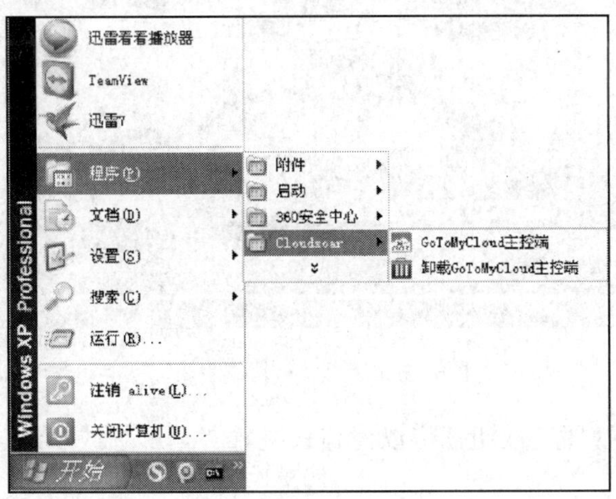

图6.2.4　启动主控端程序图

第二步：选择“被控端”账号，单击“连接”按钮，如图 6.2.5 所示。

图6.2.5 选择被控电脑

第三步：进行远程控制远端计算机操作，就像在本地使用一样，如图 6.2.6 所示。

图6.2.6 远程“被控端”桌面

第四步：单击“视图”按钮，可以对窗口进行“全屏”或“缩放”操作，如图 6.2.7 所示。

图6.2.7　按钮选项

第五步：单击“聊天”按钮，可以向远程计算机直接发送消息，如图 6.2.8 所示。

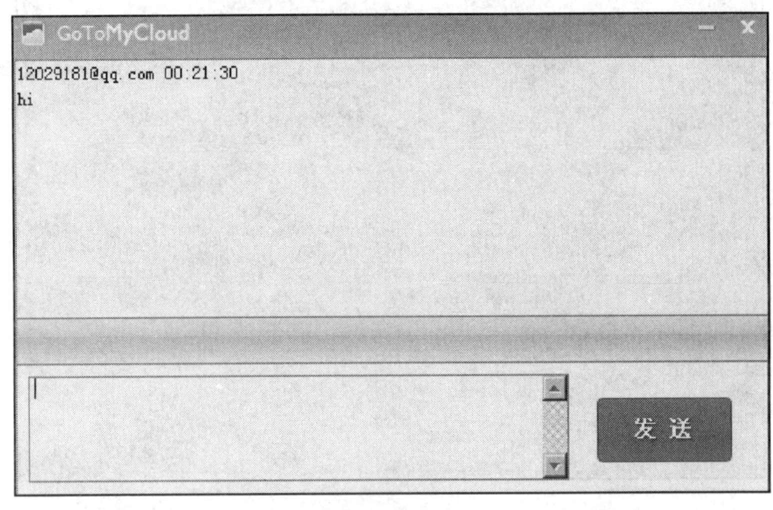

图6.2.8　向远程计算机发送消息

第六步：单击“热键”可以发送热键，如锁屏和 Ctrl ＋ Alt ＋ Delete 等，如图 6.2.9 所示。

图6.2.9　热键

第七步：单击右侧边栏设置按钮，可以进行“图片质量”的设置，如图 6.2.10 所示。

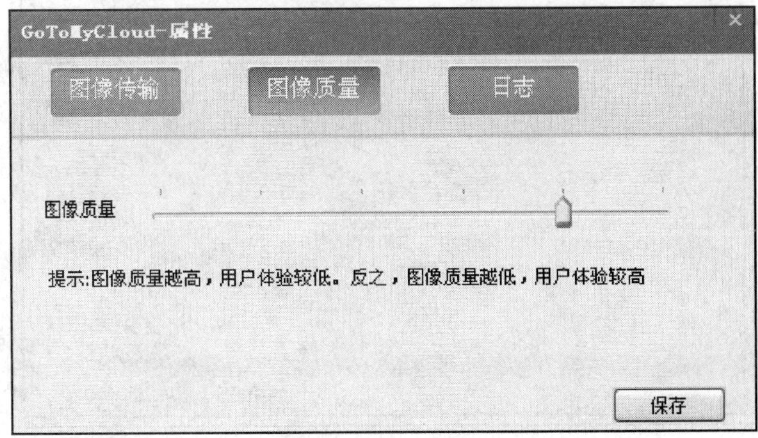

图6.2.10　图片质量设置

2）文件传输。GoToMyCloud 软件支持双向传输，既可以把远端的文件传到当前端，也可以把当前端的文件传输到远端。

单击上方文件传输按钮，可以进行文件传输设置，如图 6.2.11 所示。

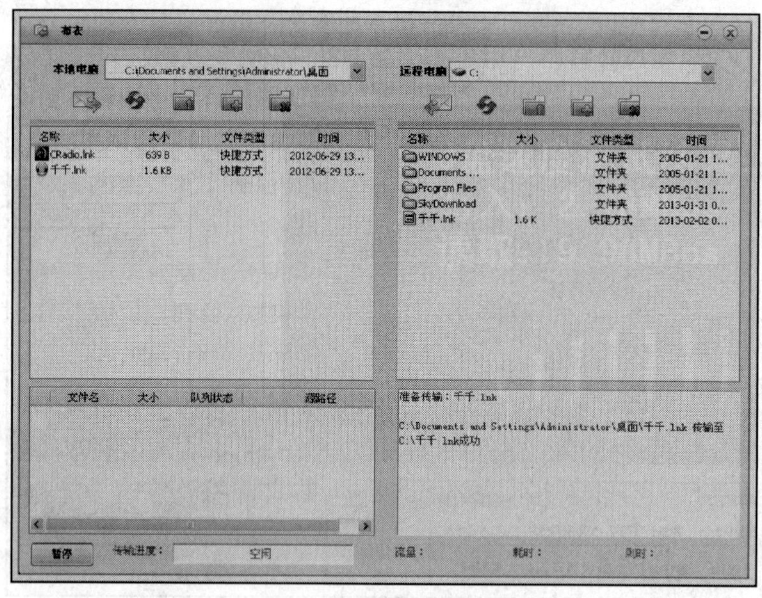

图6.2.11 文件传输设置

3）文件夹同步。GoToMyCloud 文件夹同步功能，是一个非常有用的功能，当设置了同步文件夹后，用户对近端同步文件夹进行的操作，会自动同步到远端计算机的同步文件夹中。例如，用户把本地“D:\ 近端”文件夹与远端“C:\ 远端”文件夹设置为同步，然后复制一张图片在本地“D:\ 近端”文件夹中，则远端“C:\ 远端”文件夹同样也会多了这么一张图片，是不是很方便。

第一步：单击上方同步文件夹按钮，设置同步文件夹，如图 6.2.12 所示。

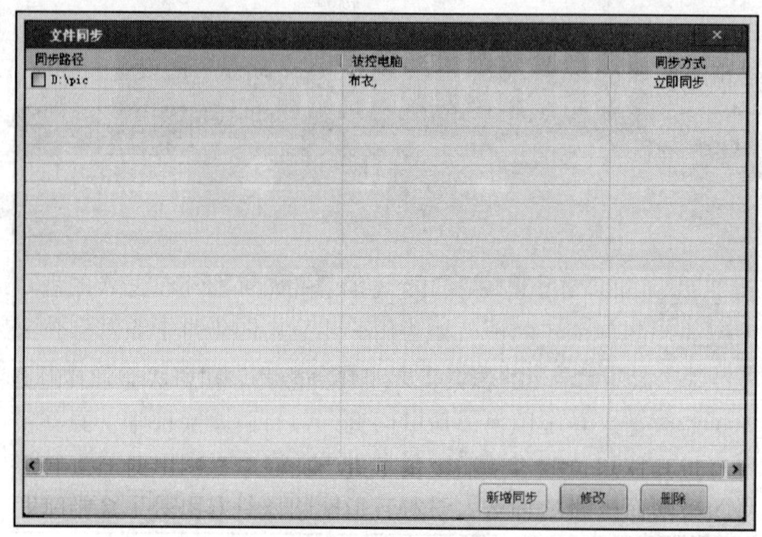

图6.2.12 设置同步文件夹

第二步：单击选择本地同步文件夹，如图 6.2.13 所示。

第三步：设置远端同步文件夹，单击“确定”按钮，如图 6.2.14 所示。

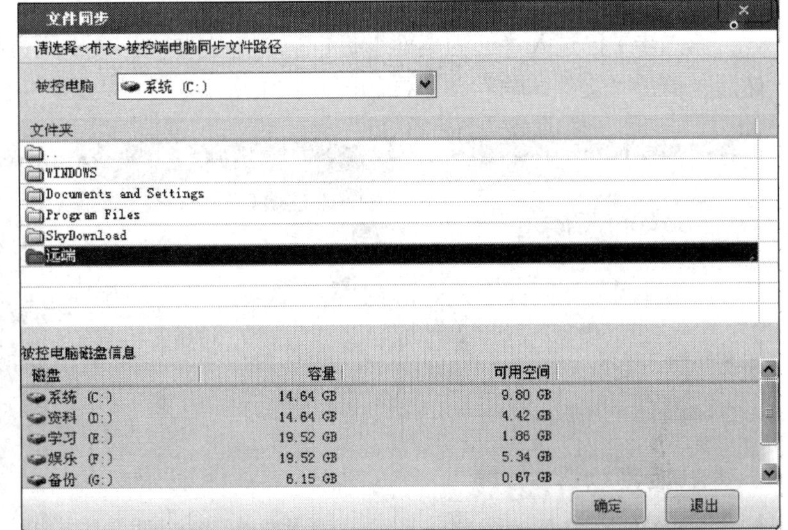

图6.2.13　选择本地同步文件夹

图6.2.14　设置远端同步文件夹

第四步：设置好的同步文件夹，如图 6.2.15 所示。

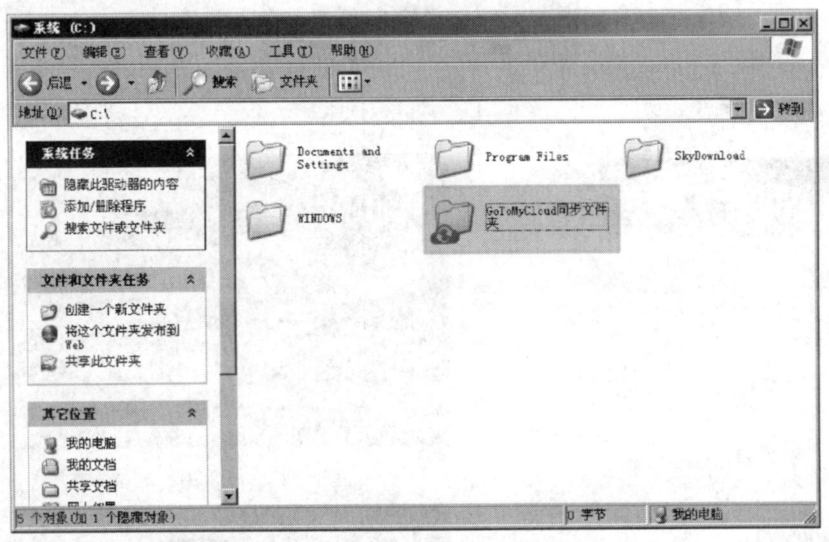

图6.2.15　设置好的同步文件夹

（3）主控端操作（手机）

1）远程控制。

第一步：手机下载并安装好 GoToMyCloud 主控端后，启动软件，如图 6.2.16 所示。

第二步：登录后，选择被控端账号，并单击“远程桌面”按钮（图 6.2.17），即可实现远程控制计算机，如图 6.2.18 所示。

2）文件传输。出去旅游，想不想把拍了的照片，马上就传回到家里的计算机上？下面我们介绍 GoToMyCloud 的文件传输功能。

第一步：在被控端选择界面，单击“文件传输”按钮，如图 6.2.19 所示。

第二步：已进入“远程桌面”后，也能远程转输，单击上方控制面板按钮（图 6.2.20）。然后，单击“文件传输”按钮，如图 6.2.21 所示。

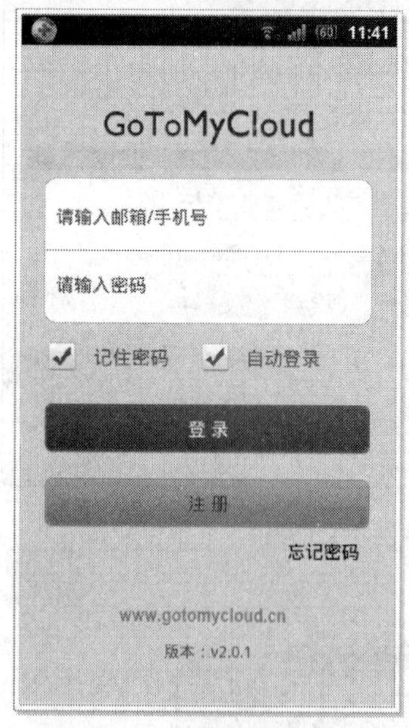

图6.2.16　启动主控端并登录

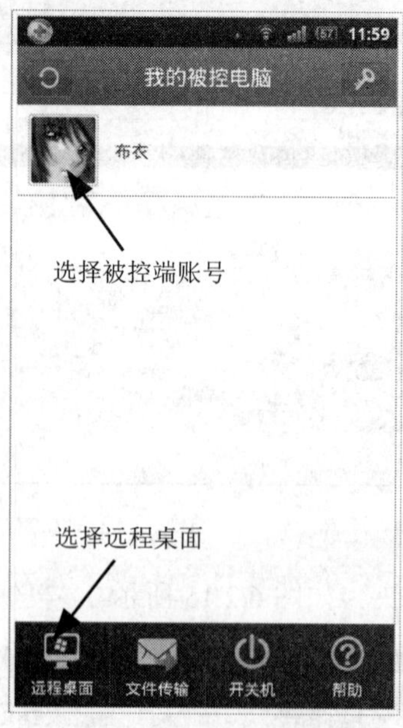

图6.2.17　选择被控账号

图6.2.18　远程计算机桌面

图6.2.19　被控端选择界面

图6.2.20　远程桌面

图6.2.21　单击文件传输

第三步：选择要上传的本地文件，如图 6.2.22 所示。

第四步：设定远程目录，文件将会上传到该目录中，如图 6.2.23 所示。

第五步：选择好远程目录后，单击“开始上传”按钮，本地文件就会上传到指定的远端目录中，如图 6.2.24 所示。

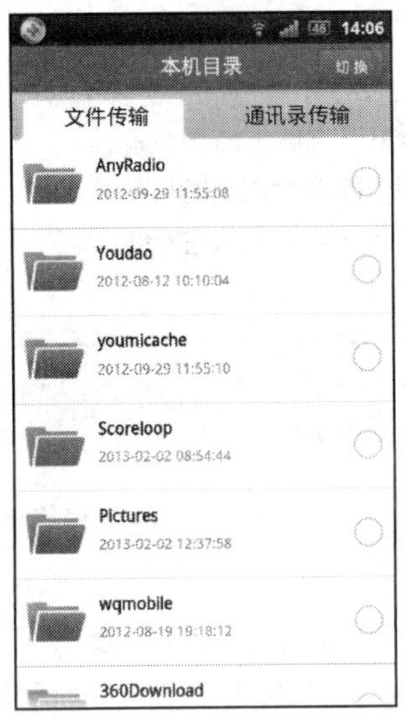

图6.2.22 本机目录

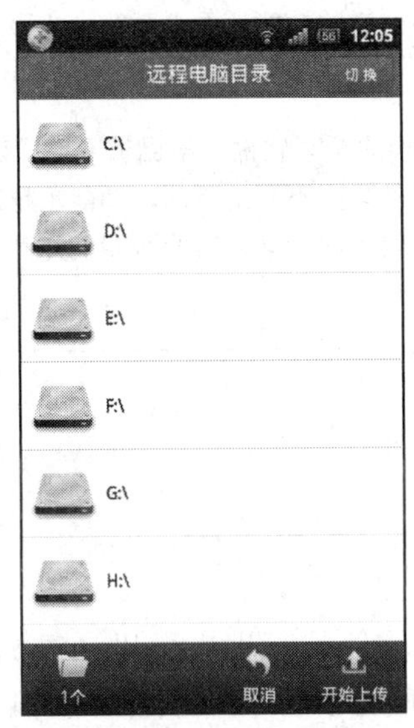

图6.2.23 远程电脑目录

图6.2.24 开始上传

第六步：手机上的图片已上传到远程计算机指定的文件夹中，如图 6.2.25 所示。

图6.2.25 已上传的文件夹

小 结

远程办公或远程控制在我们的认知中，或许还很神奇，但是现在市面上已有多款远程操控软件，在网络的帮助下，可以让我们在世界上任何一个角落管理家中或办公室里的电脑，甚至使用我们的智能手机进行管理。GotoMyCloud 就是其中的这样一款软件，我们通过本项目的学习，也知道了如何进行运程管理，使我们的远程办公变得很轻松。

项目三 聊天工具

案例导入

使用了近10年QQ的小刘，今天遇到件新鲜事儿，朋友居然用QQ给他点了首歌，自以为对QQ使用已经很熟，但还有这么多他不知道的功能，看来要补一补了。

■ 分析

QQ聊天软件作为国内即时聊天的领军软件，早已被人们所熟识并使用，有庞大的客户群体，其领导地位几乎无人能撼动。其软件也在不断地更新，功能也越来越全面，除了我们平时用得最多的聊天或视频功能，里面还有很多实用的功能，带给了我们便利和惊喜，下面我们就来进一步学习这款聊天软件。

聊天软件：腾讯QQ

1. 软件介绍

QQ 聊天软件是深圳市腾讯计算机系统有限公司开发的一款基于 Internet 的即时通信（IM）软件。腾讯 QQ 支持在线聊天、视频电话、点对点断点续传文件、共享文件、网络硬盘、自定义面板、QQ 邮箱等多种功能，并可与移动通信终端等多种通信方式相连。1999 年 2 月，腾讯正式推出第一个即时通信软件——QQ，其在线用户由 1999 年的 2 人到现在已经发展到上亿用户，是目前使用最广泛的聊天软件之一。

2. 软件体验

QQ 聊天软件的聊天及语音视频等常用功能已被大家所熟识，这里就不在赘述。

（1）文件传输

首先，打开要传输的文件所在的文件夹，按住鼠标左键不放，进行拖动，如图 6.3.1 所示。

方法一：直接拖动到“好友”头像上，如图 6.3.2 所示。

方法二：拖到到聊天窗口上，如图 6.3.3 所示。

（2）点歌

第一步：在聊天面板上，单击“点歌”按钮，如图 6.3.4 所示。

图6.3.1 选择要传输的文件

图6.3.2　拖动到好友头像

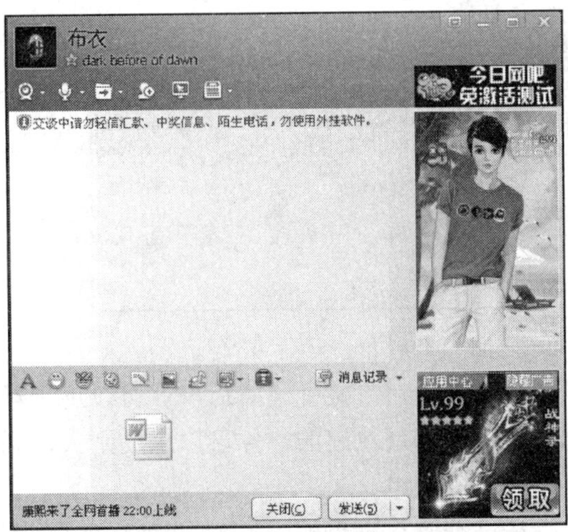

图6.3.3　拖动到聊天窗口

图6.3.4　聊天工具栏

第二步：在歌曲面板中，在“搜索”工具栏中搜索想点的歌曲，然后单击送歌按钮，开始送歌。如图 6.3.5 所示。

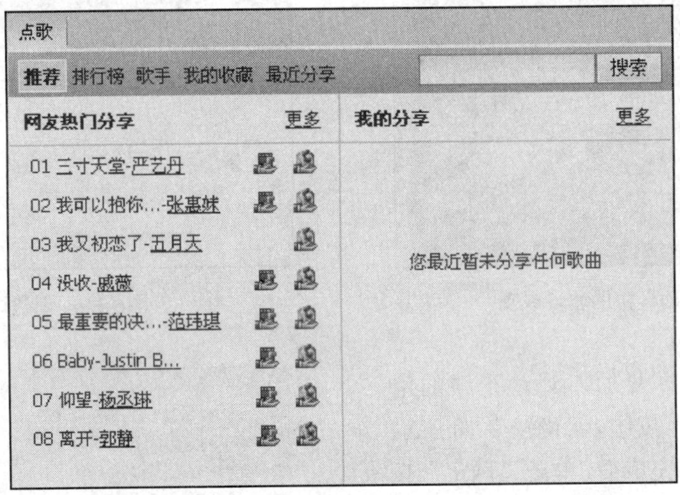

图6.3.5　歌曲面板

（3）远程协助

当遇到问题时，朋友或服务商不在身边，远程协助是最好的选择。

第一步：单击“远程协助”按钮，如图 6.3.6 所示。

第二步：对方接受邀请，如图 6.3.7 所示。

图6.3.6　远程协助

图6.3.7　发起远程协助邀请

第三步：对方接受邀请后，就可以远程操作你的计算机，如图 6.3.8 所示。

远程协助是双向的，你可以求助别人，同理，朋友或客户也可以找你协助。

（4）讨论组

在讨论某个话题时，一对一聊天不方便，在群里面讨论，人又太多，最有效的办法就是建立一个讨论组。

第一步：在聊天窗口，单击“创建讨论组”按钮，如图 6.3.9 所示。

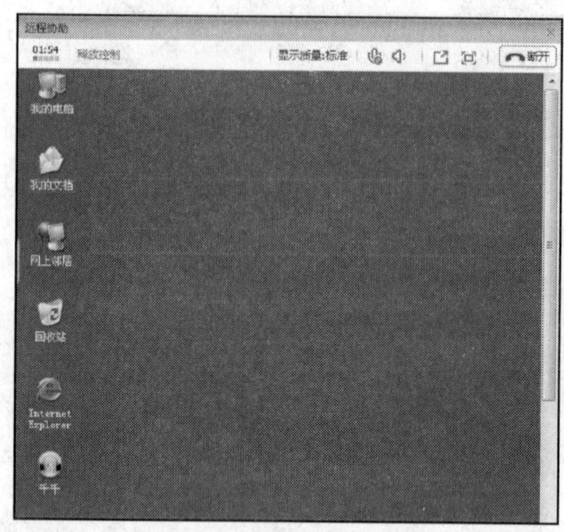

图6.3.8　远程协助邀请成功

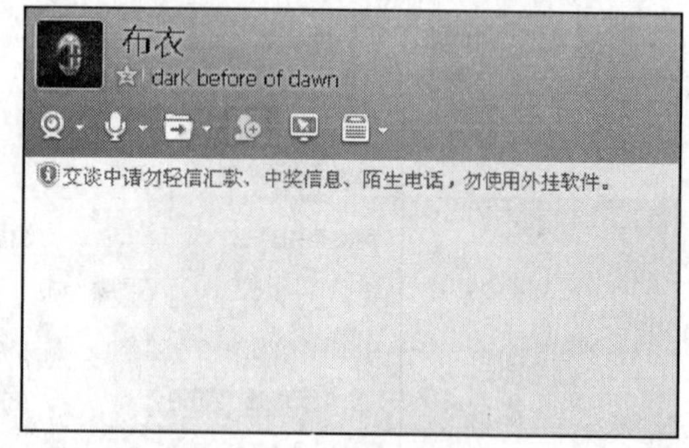

图6.3.9　创建讨论组

第二步：选择要加入到讨论组的用户，然后单击“添加”按钮，如图 6.3.10 所示。

第三步：添加完成后，单击“确定”按钮，讨论组就创建成功了，如图 6.3.11 所示。

（5）多功能辅助输入

对于老年人或打字较慢的人来说，多功能辅助输入是不错的选择，不用打字也可以聊天。

单击“多功能辅助输入”按钮，如图 6.3.12 所示。

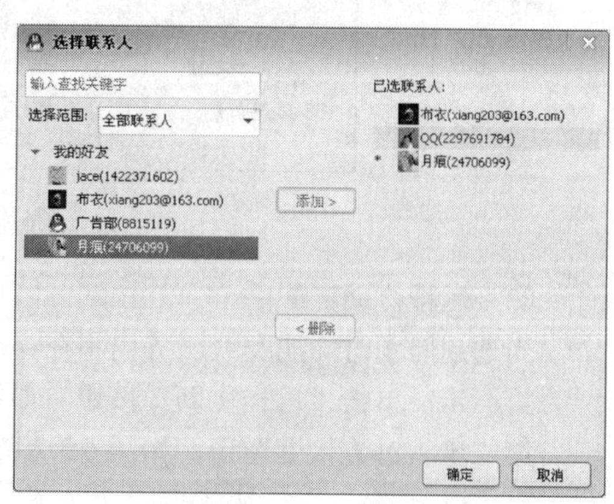

图6.3.10　添加讨论组用户

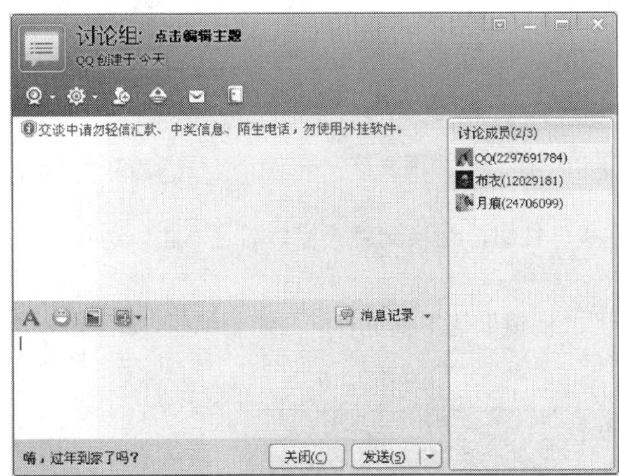

图6.3.11　创建成功的讨论组

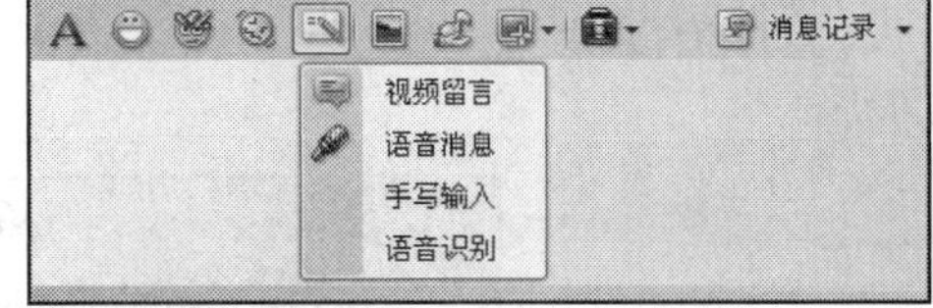

图6.3.12　多功能辅助输入

（6）快速截图

快速截图是一项很实用的功能，截好图后，能快速地发送到聊天窗口。

第一步：单击“屏幕截图”按钮或按“Ctrl + Alt + A”组合键，如图 6.3.13 所示。

图6.3.13　屏幕截图按钮

第二步：在需要截图的区域，按住左键不放进行框选，如图 6.3.14 所示。

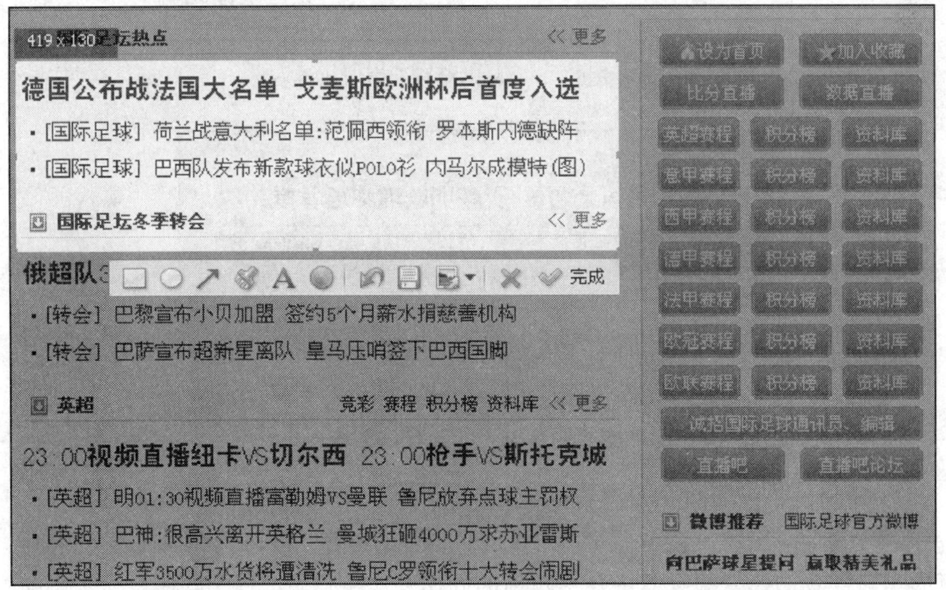

图6.3.14　进行截图

下方工具栏各工具名称如图 6.3.15 所示。

图6.3.15 工具介绍

第三步：框选完截图区域后，单击“完成”按钮，切换到聊天窗口后，右击，选择“粘贴”命令，如图 6.3.16 所示。

另外还可以用“矩形工具”、“文字工具”、“滤镜”等工具进行一些简单编辑，如图 6.3.17 所示。

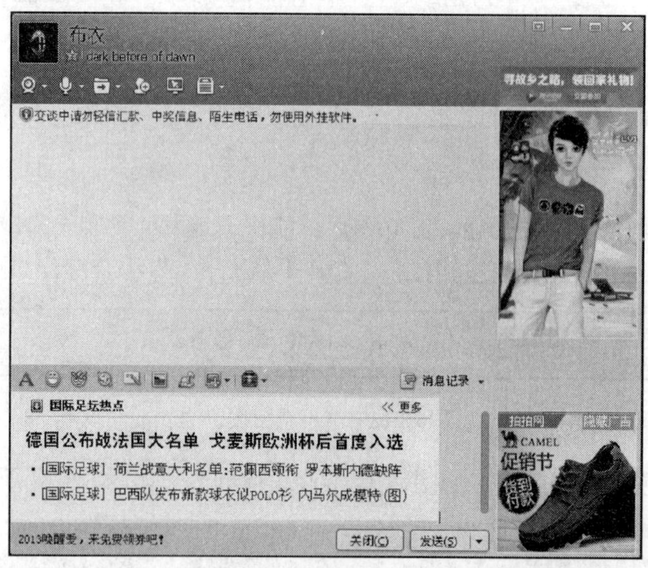

图6.3.16 粘贴至聊天窗口

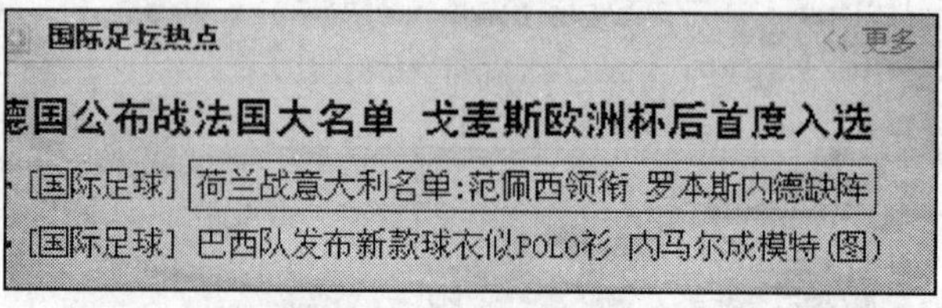

图6.3.17 编辑截图

小 结

腾讯 QQ 软件，可能是我们最熟悉的软件了，我们经常拿它来和朋友聊天视频，通过本项目的学习，我们还掌握了其中几个实用的操作：文件传输、QQ 点歌、远程协助、建立讨论组、屏幕截图等，给我们带来了很多的便利，而 QQ 的功能还远不止于此，我们只有在日常使用中进一步去挖掘和探索。

项目四　网页浏览器

案例导入

小刘想找一款网页浏览器工具，以前用了几款都不合心意。小刘主要有下列几点需求：①运行流畅、速度快；②收藏夹漫游；③“软件设置”漫游；④支持鼠标手势；⑤广告过滤。

■ 分析

网页浏览器是用户上网冲浪的必备工具，现在市面上的网页浏览器也很多，各有所长，但不能兼顾到每个用户的习惯，所以每个人对浏览器的选择也各有所爱。针对小刘的需求，我们为他推荐sogou浏览器。

网页浏览器：Sogou浏览器

1. 软件介绍

Sogou浏览器是首款给网络加速的浏览器，拥有国内首款“真双核”引擎，采用多级加速机制，能大幅提高用户的上网速度。通过业界首创的防假死技术，使浏览器运行快捷流畅且不卡不死，具有自动网络收藏夹、独立播放网页视频、Flash游戏提取操作等多项特色功能，并且兼容大部分用户的使用习惯，支持多标签浏览、鼠标手势、隐私保护、广告过滤等主流功能。

2. 软件体验

（1）双核

采用了IE内核＋Webkit内核，智能选择内核方式，如图6.4.1所示。

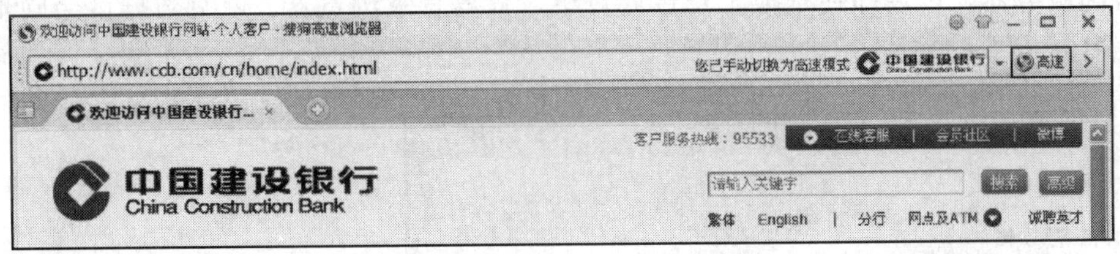

图6.4.1　高速模式（Webkit内核）

个别网站考虑到兼容性，可以切换到IE兼容模式，如图6.4.2所示。

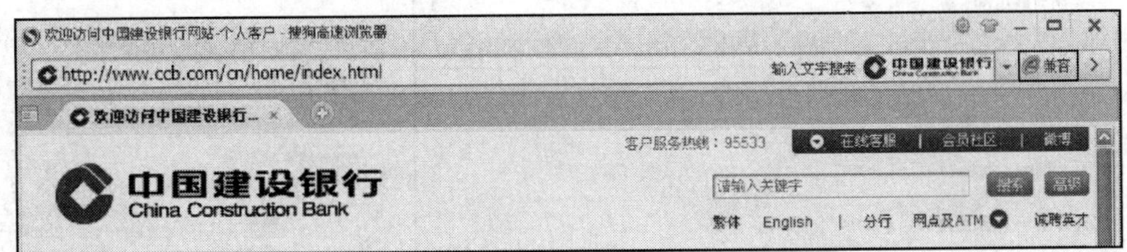

图6.4.2　兼容模式（IE内核）

（2）智能填表

上网冲浪时，需要注册和记忆大量的账号，而有的账号不是特别重要，我们可以把它们保存起来，在登录时，自动完成填表，十分方便，如图 6.4.3 所示。

如何把账号记录在列表中呢？只需要在输入账号密码后，按保存账号的快捷键 Alt ＋ 1，如图 6.4.4 所示。

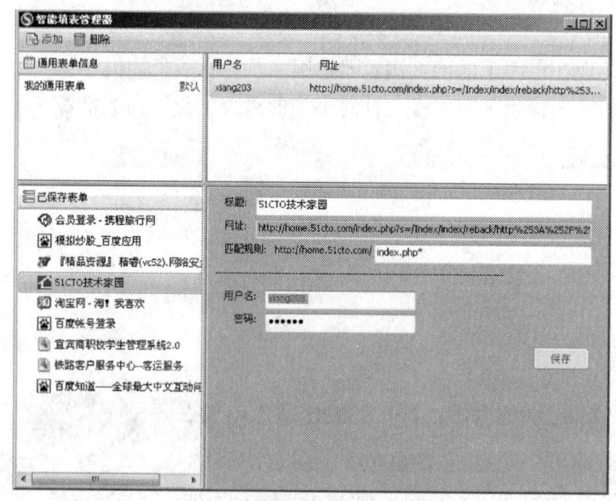

图6.4.3 智能填表管理器

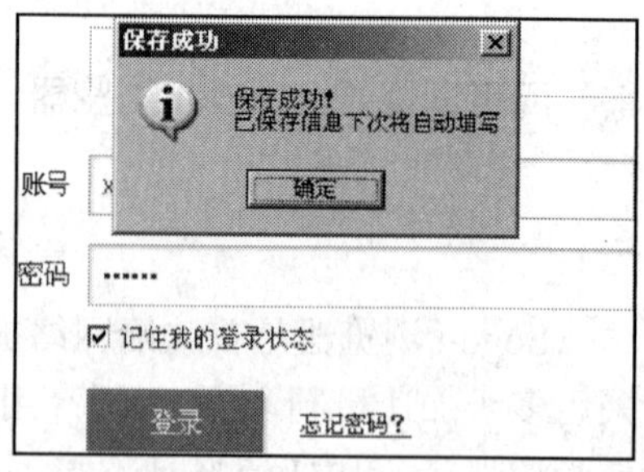

图6.4.4 保存信息

（3）鼠标手势

用鼠标手势进行网页操作方便快捷，只需按住鼠标右键，画出手势即可。手势与相应的动作如图 6.4.5 所示。

（4）收藏夹漫游

只需要注册一个 Sogou 账号，登录网页浏览器后，所有收藏的书签或个人习惯设置都会漫游到服务器，以后即使是换了一台计算机，只需登录浏览器，所有数据都会同步到当前浏览器上（图 6.4.6）。

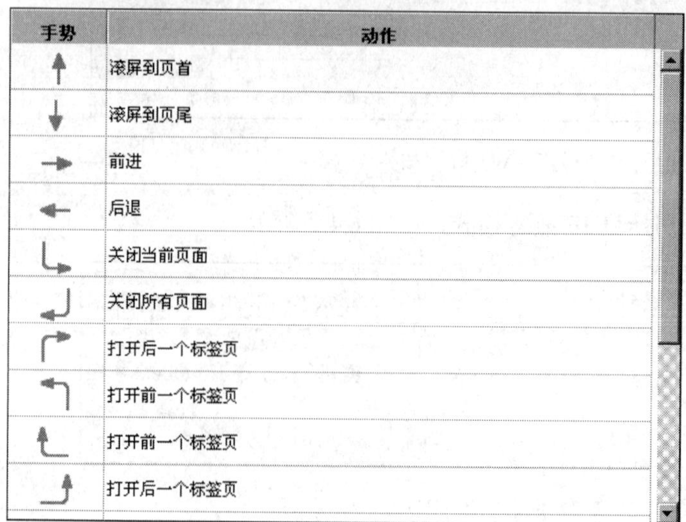

手势	动作
	滚屏到页首
	滚屏到页尾
	前进
	后退
	关闭当前页面
	关闭所有页面
	打开后一个标签页
	打开前一个标签页
	打开前一个标签页
	打开后一个标签页

图6.4.5 手势与动作

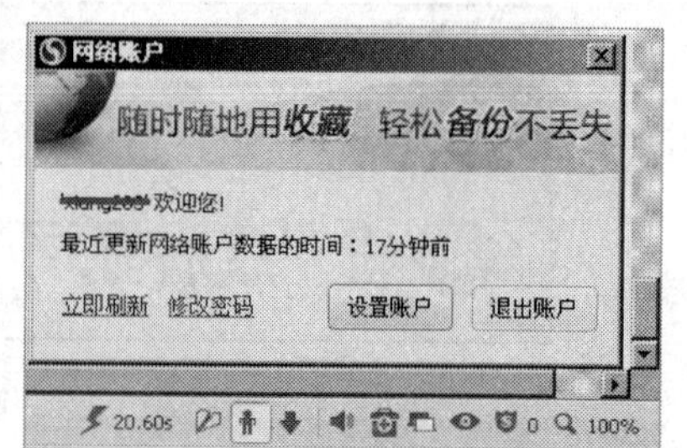

图6.4.6 网络账户

所有的设置和收藏都会漫游，换了计算机也不用担心，如图 6.4.7 ～图 6.4.9 所示。

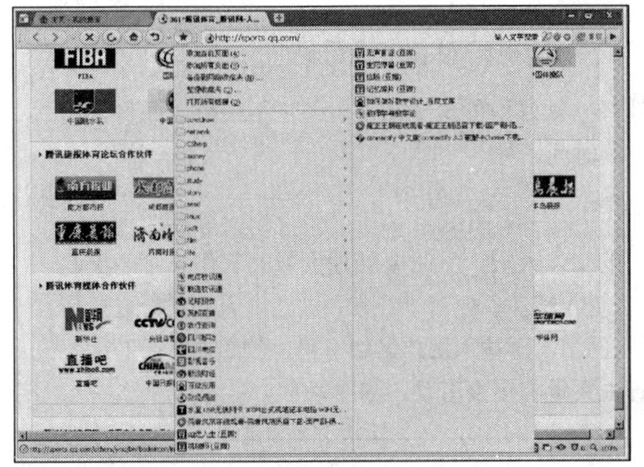

图6.4.7 收藏夹

图6.4.8 导航首页

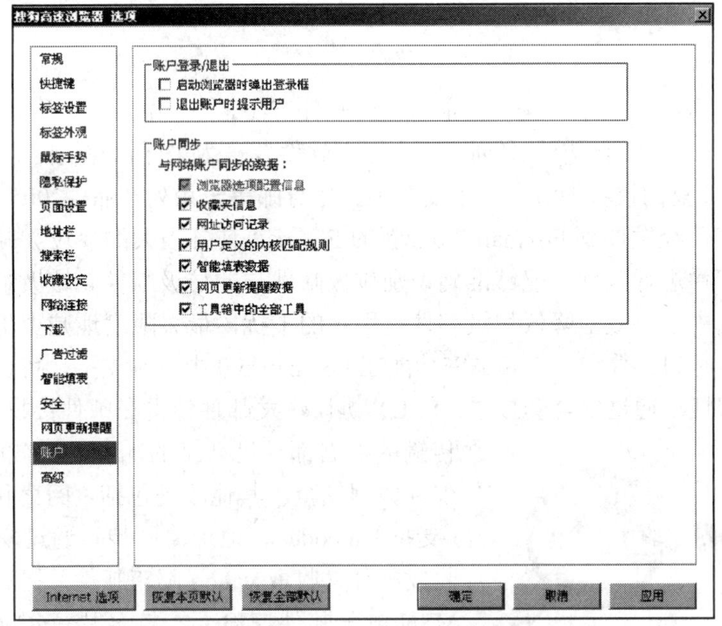

图6.4.9 个人设置及智能填表

sogou 浏览器不仅运行流畅，设计也充满人性化，操作简单，容易上手。

小 结

网页冲浪是我们使用计算机的日常操作，本项目我们学习了 Sogou 浏览器的智能填表功能、收藏夹漫游、鼠标手势等功能，使我们在网上冲浪更加得心应手。

项目五　电子邮箱

案例导入

小刘经常要处理一大批客户和公司的邮件，选择一款好用的电子邮件软件，不仅可以提高工作效率，还可以有效地过滤垃圾邮件，节约大量的阅读时间。

■ 分析

电子邮件对我们来说，已不陌生，尤其是职场的工作人员，平时要处理大量的工作邮件，我们平时的习惯是打开网页浏览器，到电子邮箱网页中去查收邮件。但对于经常要收信的人来说，这却是一项烦琐的事情，因为每次都要重复打开网页，进入网站，再输入用户名和密码，效率非常低下。

采用了电子邮箱客户端软件就不同了，可以省去大量的重复劳动，事半功倍。

电子邮箱软件：Foxmail

1. 软件介绍

Foxmail 邮件客户端软件，是中国最著名的软件产品之一，中文版使用人数超过 400 万，英文版的用户遍布 20 多个国家，名列“十大国产软件”，被太平洋计算机网评为五星级软件。Foxmail 通过和 U 盘的授权捆绑形成了安全邮、随身邮等一系列产品。2005 年 3 月 16 日被腾讯收购。现在已经发展到 Foxmail 7.0。新的 Foxmail 具备强大的反垃圾邮件功能。它使用多种技术对邮件进行判别，能够准确识别垃圾邮件与非垃圾邮件。垃圾邮件会被自动分拣到垃圾邮件箱中，有效地降低垃圾邮件对用户的干扰，最大限度地减少用户因为处理垃圾邮件而浪费的时间。数字签名和加密功能在 Foxmail 5.0 中得到支持，可以确保电子邮件的真实性和保密性。通过安全套接层（SSL）协议收发邮件使得在邮件接收和发送过程中，传输的数据都经过严格的加密，有效防止黑客窃听，保证数据安全。其他改进包括：阅读和发送国际邮件（支持 Unicode）、地址簿同步、通过安全套接层协议收发邮件、收取 yahoo 邮箱邮件；提高收发 Hotmail、MSN 电子邮件速度；支持名片（vCard）、以嵌入方式显示附件图片、增强本地邮箱邮件搜索功能等。

2. 软件体验

（1）启动及设置

第一步：双击桌面 Foxmail 图标，启动程序，如图 6.5.1 所示。

第二步：第一次运行 Foxmail 时会弹出账号设置向导，输入账号，单击“下一步”按钮，如图 6.5.2 所示。

图6.5.1　启动Foxmail

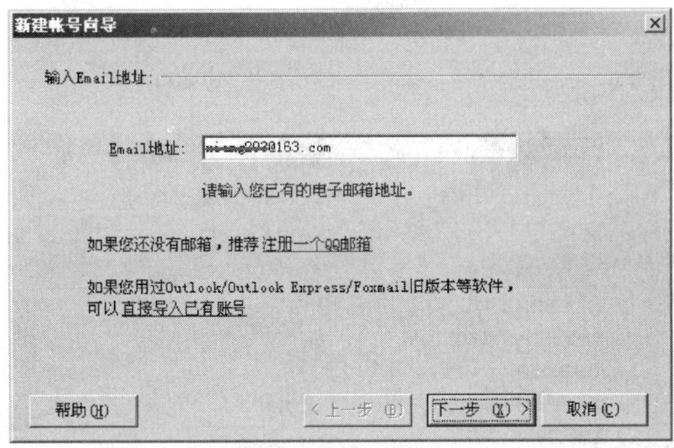

图6.5.2　新建账号向导1

第三步：选择邮箱类型，通常是 POP3，然后输入账号和密码，单击“下一步”按钮，如图 6.5.3 所示。

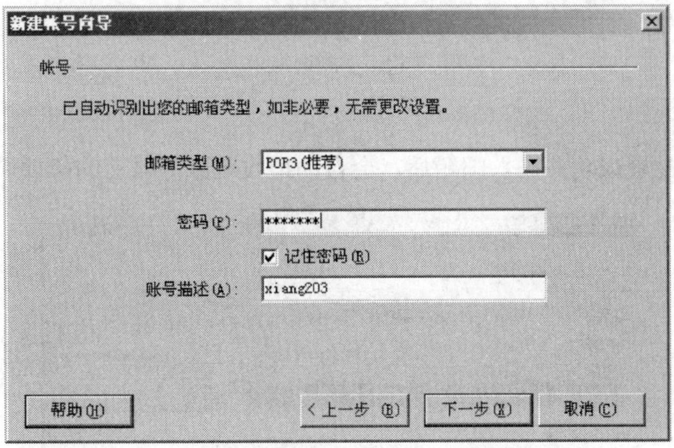

图6.5.3　新建账号向导2

第四步：单击“测试”按钮，测试账号配置是否成功，如图 6.5.4 所示。

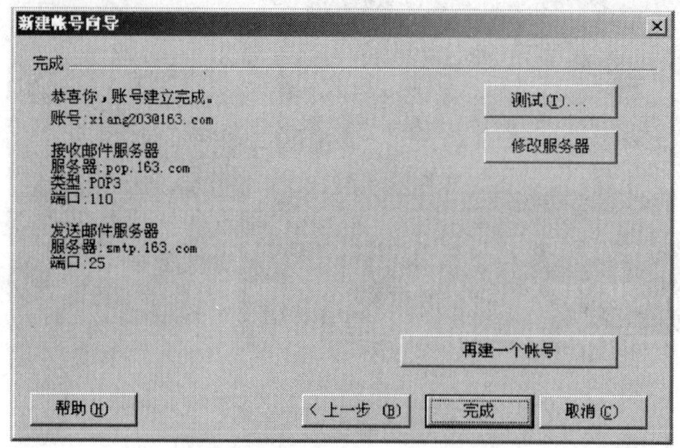

图6.5.4 新建账号向导3

测试结果如图 6.5.5 所示。

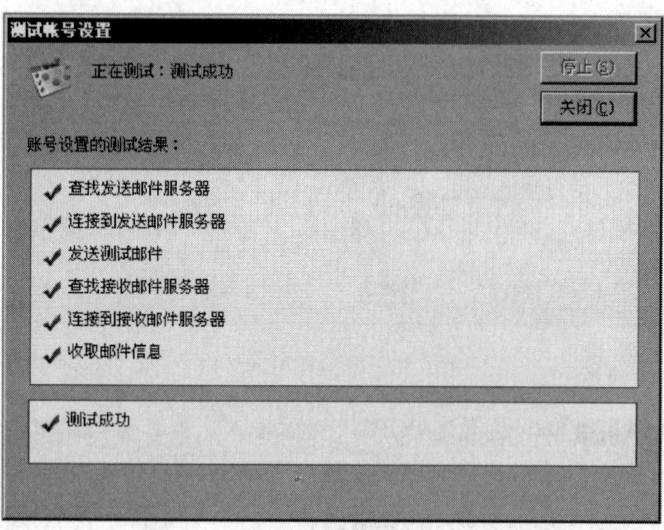

图6.5.5 测试结果

（2）接收邮件

1）当第一次配置成功并进入邮箱后，会自动地收取服务器上的邮件，如图 6.5.6 所示。

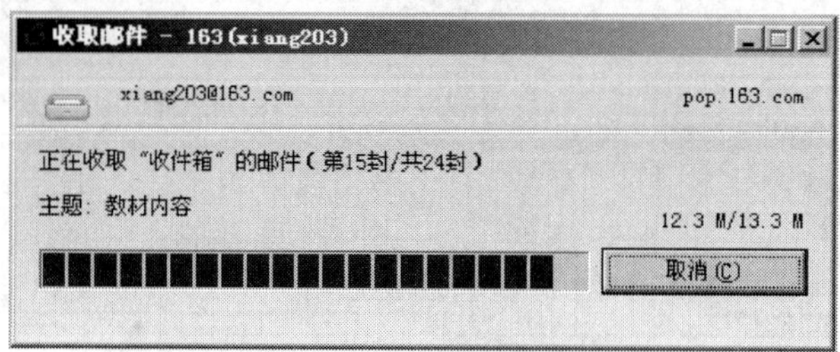

图6.5.6 收取邮件1

2）平时要接收服务器上的邮件，只需要单击工具栏上的“收取”按钮，如图 6.5.7 所示。

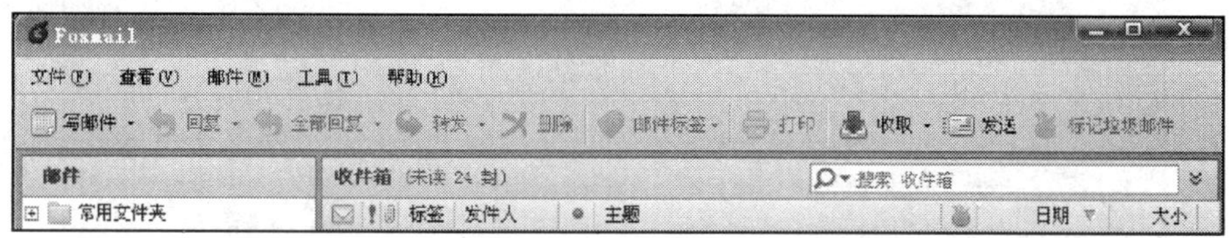

图6.5.7 收取邮件2

3）接收服务器上的邮件成功，如图 6.5.8 所示。

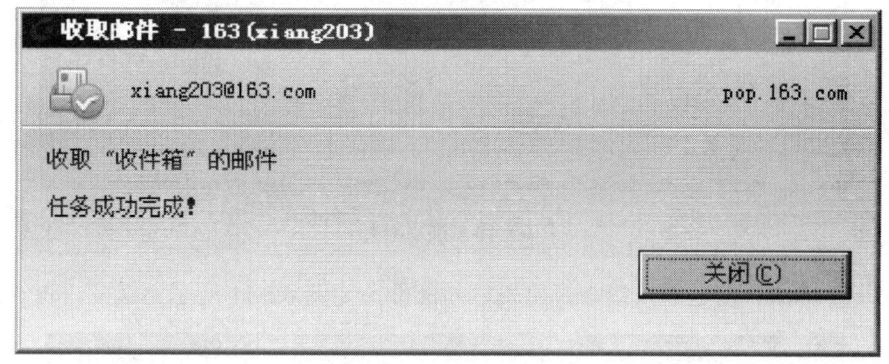

图6.5.8 收取邮件成功

（3）编写并发送邮件

第一步：单击工具栏上的“写邮件”按钮，如图 6.5.9 所示。

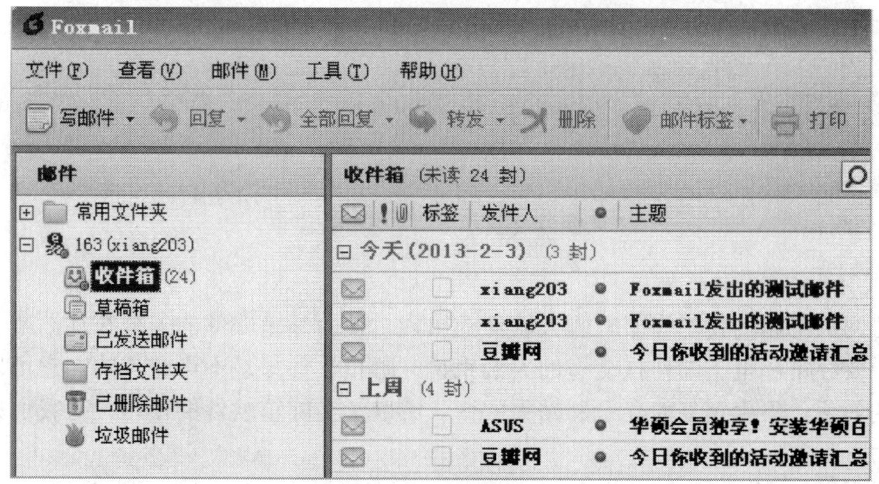

图6.5.9 写邮件

第二步：输入收件人、主题，撰写正文，添加附件，如图 6.5.10 所示。

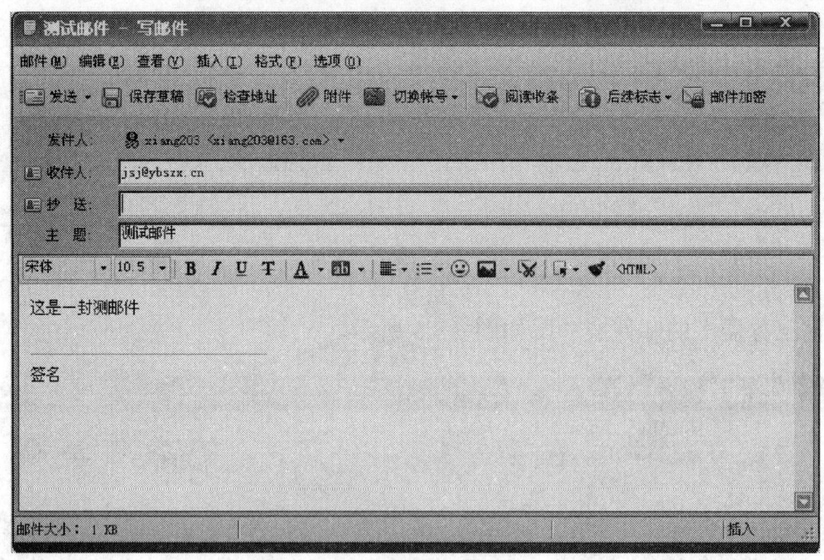

图6.5.10 撰写新邮件

第三步：单击“发送”按钮，开始发送新邮件，如图 6.5.11 所示。

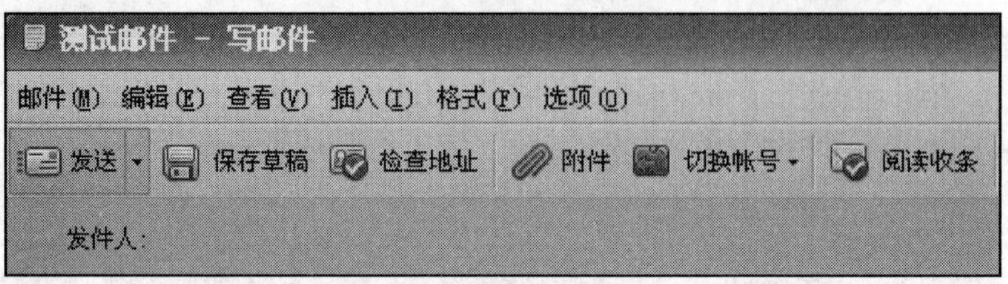

图6.5.11 发送邮件

到此，Foxmail 的基本操作介绍完毕，赶快去体验一下吧。

小 结

随着网页邮箱的使用和即时聊天软件的出现，使用邮箱软件的人群在逐渐减少，但对于工作中要经常和电子邮件打交道的人们来说，邮箱软件却是不可替代的。它可以大大提高工作的效率，不用重复的登录网站去阅读。所以学会邮箱软件的使用，对我们来说是很有必要的。

参 考 网 站

http://baike.baidu.com/view/5339.htm.

http://www.eset.com.cn/about/honor.

http://www.360.cn/about/honors.html.

http://www.360.cn/about/index.html.

http://xiuxiu.meitu.com/tutorial/guide.shtml.

http://baike.baidu.com/view/3187020.htm.

http://www.pptv.com/aboutus.

http://baike.baidu.com/view/402054.htm.

http://baike.baidu.com/view/2035628.htm.

http://www.gotomycloud.cn.

http://baike.baidu.com/view/22049.htm.